Vorwort.

Die Entstehung dieses Buches geht zurück auf den Vortrag „Brennstoff und Verbrennung", den der Verfasser auf der Versammlung der Hauptstelle für Wärmewirtschaft zu Berlin 1920 gehalten hat. Dieser Vortrag, der sich im wesentlichen auf die Betrachtung der Kohlenfeuerungen beschränkte, entwickelte den Leitsatz, daß die Vielfältigkeit der Formen, wie wir sie in den Feuerungen beobachten, nicht begründet ist in einer Verschiedenheit des eigentlichen Verbrennungsvorganges, sondern in den chemischen Wandlungen, welche die Brennstoffe als Kohlenstoffverbindungen vor der Verbrennung erfahren.

Diese Ausführungen sind seitdem lebhaft erörtert worden, meist zustimmend, aber auch in vereinzelten gegenteiligen Äußerungen, denen der Verfasser seine besondere Aufmerksamkeit schenkte. Sie sind auch in der Folge weiter entwickelt worden in Veröffentlichungen und Vorträgen, in denen die Leitsätze von „Brennstoff und Verbrennung" auf die Motoren und Ölfeuerungen ausgedehnt wurden. Für die Verwirklichung der an den Verfasser vielfach ergangenen Anregung, seine Darstellung des Verbrennungsvorganges in einem Buche zusammenzufassen und zu vervollständigen, war der Zeitpunkt aber erst jetzt gekommen, nachdem in der Feuerungstechnik sowohl wie in der Motorentechnik sich eine Wandlung der Anschauungen vollzogen hat, welche immer mehr die Anschauungen des Verfassers bekräftigt.

Der nunmehr vorliegende erste Teil des Buches behandelt die Brennstoffe, abweichend von der bisher üblichen, mehr oder minder beschreibenden Art, im Hinblick auf die einheitliche Auffassung des Verbrennungsvorganges in allen seinen Formen. Er bildet die Voraussetzung für den in Bälde folgenden zweiten Teil, der die Vorgänge bei der Zündung, Verbrennung und Explosion aus dem Chemismus der Brennstoffe ableiten wird.

Es mag gewagt erscheinen, ein so großes Gebiet, wie es die Verbrennung in allen ihren Formen ist, im Rahmen eines knappen Buches zu behandeln. Die hochentwickelte, aber weitgehend spezialisierte Technik der Feuerungen und Motoren scheint einem solchen Unternehmen zu widersprechen. Aber gerade diese Spezialisierung ist es, welche dazu drängt, über Feuerungstechnik und Motorentechnik hinaus fortzuschreiten zu einer alles umfassenden Verbrennungstechnik. Darin soll dieses Buch wegweisend wirken. Es soll in knappen Strichen Erfahrungstatsachen auf neue Weise erklären und Richtlinien geben für die weitere Entwicklung.

Der Verfasser dankt aufrichtig seinem Mitarbeiter, Herrn Diplom-Maschineningenieur Hans Allen, der ihn unermüdlich und verständnisvoll bei der Ausarbeitung des Buches unterstützte.

Hamburg 8, im September 1926.
Dovenfleth 20.

Dr. Aufhäuser.

Brennstoff und Verbrennung

Von

Dr. D. Aufhäuser
Inhaber der Thermochemischen Versuchs-
anstalt zu Hamburg

I. Teil: **Brennstoff**

Mit 16 Abbildungen im Text
und zahlreichen Tabellen

Berlin
Verlag von Julius Springer
1926

Alle Rechte, insbesondere das der Übersetzung
in fremde Sprachen, vorbehalten.

ISBN-13 : 978-3-642-89509-8   e-ISBN-13 : 978-3-642-91365-5
DOI : 10.1007/978-3-642-91365-5

Copyright 1926 by Julius Springer in Berlin.

Inhaltsverzeichnis.

Anschauungen und Wandlungen.

1. Definition und Einteilung 1
   Brennstoffe und Lebensprozeß S. 1 — Brennbare Stoffe und Brennstoffe S. 2 — Verhalten in der Wärme S. 4
2. Die chemische Zusammensetzung 7
   Unverbrennliche Bestandteile S. 7 — Die brennbare Substanz S. 12 — Die chemische Systematik S. 13
3. Die Verbrennungswärme 14
   Heizwert und Verbrennungswärme S. 14 — Thermochemisches Grundgesetz S. 17 — Chemische Begründung der Größenunterschiede S. 18
4. Die Brennstoffe als Kohlenstoffverbindungen 21
   Die organische Chemie S. 21 — Das Mengenverhältnis der chemischen Elemente S. 24

Die chemischen Elemente.

5. Der Wasserstoff 27
   Eigenschaften und Bildungsweisen S. 27 — Verbrennung S. 28
6. Der Kohlenstoff 30
   Die allgemeinen Eigenschaften S. 30 — Der „wahre" Kohlenstoff S. 32 — Die Verbrennung des Kohlenstoffes S. 36 — Thermodynamik und Mechanismus der Reaktionen S. 41 — Die Primärtheorie vom Standpunkte der Technik S. 46 — Kohlenstoff und reiner Sauerstoff S. 50
7. Der Sauerstoff 51
   Freier Sauerstoff S. 51 — Anorganisch gebundener Sauerstoff S. 54 — Gebundener Sauerstoff in organischen Verbindungen S. 56 — Die Sprengstoffe S. 60

Die chemische Systematik.

8. System Kohlenstoff 61
9. System Kohlenstoff-Sauerstoff (Kohlenoxyd) 65
10. System Kohlenstoff-Wasserstoff 71
    Chemismus S. 71 — Die aliphatische Art und ihre Variationen S. 73 — Die ringförmige Art und ihre Variationen S. 77 — Chemismus und Verbrennungswärme S. 79 — Verhalten in der Wärme S. 80 — Verbrennung S. 85
11. System Kohlenstoff-Wasserstoff-Sauerstoff 87
    Natürliches Vorkommen und äußere Eigenschaften S. 87 — Die Verkokung S. 91 — Chemismus S. 97 — Verhalten gegen Sauerstoff S. 98 — Der gebundene Sauerstoff S. 101 — Entstehung und Charakter des Teers S. 105 — Die flüchtigen Bestandteile S. 108 — Die Verbrennung der Kohlen S. 110 — Die Verbrennungswärme S. 113

Anschauungen und Wandlungen.

1. Definition und Einteilung.

Brennstoffe und Lebensprozeß. Alles, was brennbar ist, auch jeder künstliche Brennstoff, ist letzten Endes auf den Lebensprozeß zurückzuführen, und zwar vornehmlich auf den pflanzlichen. Der tierische Lebensprozeß, der sich seinerseits auf dem pflanzlichen aufbaut, hat verbrennungstechnisch nur eine untergeordnete, jedenfalls keine mittelbare Bedeutung. Zusammenfassend bezeichnet man alle Stoffe des pflanzlichen und tierischen Lebensprozesses als „organische Stoffe", die sich aus den 3 Elementen Kohlenstoff, Wasserstoff und Sauerstoff aufbauen. Die Chemie der Kohlenstoffverbindungen heißt deshalb auch „organische Chemie".

Der Aufbau der Pflanzensubstanz vollzieht sich unter der Einwirkung der Sonnenstrahlen, die in einer uns unbekannten Art chemisch wirksam sind. Die Kohlensäure, die durch Verbrennung und Atmung in die Atmosphäre gelangt, wird dabei rückwärts zerlegt und zum Aufbau komplizierter Kohlenstoffverbindungen verwendet. Diese Substanz des Pflanzen- und Tierkörpers steht und fällt aber mit dem Lebensprozeß. Mit dem Aufhören des Lebens zersetzt sie sich und geht durch die Vorgänge der Vermoderung, Fäulnis und Verwesung zuletzt wieder in Kohlensäure und Wasser über.

Der Verbrennungsprozeß, gleichviel in welcher Form er erfolgt, ist eine Beschleunigung dieser Auflösung oder vom Standpunkte des Naturgeschehens aus ein winziger Eingriff in den großen Kreislauf, als welchen sich uns Entstehen und Vergehen der organischen Substanz darstellen. Diese Verbindung mit dem Naturgeschehen ist es, die dem Verbrennungsprozeß seine umfassende Bedeutung als Wärmequelle verleiht.

Die technische Ausführung des Verbrennungsprozesses zeigt uns vor allem eine außerordentlich große Verschiedenheit der äußeren Form. Schon die Feuerungen sind vielfältig in ihrer Form, aber dabei doch wieder so grundverschieden von den Verbrennungsmotoren, daß man gemeinsame Beziehungen zwischen beiden nicht ohne weiteres erkennt. Eine gemeinsame Beziehung ist aber durch das Grundgesetz der Verbrennung gegeben, welches besagt, daß die Verbrennung in jeder Form Kohlensäure und Wasserdampf als Endprodukte abgibt. Für die Brennstoffe, die in ihren äußeren Formen ebenso verschieden sind, folgt aus diesem Grundgesetz, daß ihre Verschiedenheit durch das wechselnde Mengenverhältnis zwischen Kohlenstoff und Wasserstoff bedingt sein muß.

Kohlensäure und Wasserdampf, die beiden Produkte der Verbrennung, sind Gase. Die Brennstoffe, aus denen sie entstehen, sind in den meisten Fällen fest oder flüssig. Es ergibt sich deshalb die Frage, wie sich der Übergang vom festen oder flüssigen Stoff zu den gasförmigen Verbrennungsprodukten vollzieht.

Die grundsätzliche Bedeutung dieser Frage erhellt daraus, daß „Verbrennung" nicht auf Kohlenstoffverbindungen beschränkt ist. So z. B. verbrennt chemisch reines Eisen mit lebhafter Feuererscheinung zu Eisenoxyd. Letzteres ist fest, und es besteht deshalb kein Zweifel, daß der gasförmige Sauerstoff sich an das feste Eisen „anlagert".

$$3\ Fe_2 + 4\ O_2 = 2\ Fe_3O_4.$$
fest gasförmig fest

Die Verbrennung der Kohlenstoffverbindungen ist durch die Flamme gekennzeichnet, die ihrem Wesen nach ein glühender Gasstrom ist. Die Bezeichnung und Unterscheidung der Kohlen als der meist gebrauchten Brennstoffe in „fette" und „magere", „langflammige" und „kurzflammige" knüpft an die Flamme an, als dem augenfälligsten Merkmal der Verbrennung.

Jede Verbrennung beginnt mit der Erwärmung des Brennstoffes, und diese Erwärmung hat zur Folge, daß der Brennstoff seinen Aggregatzustand entweder ändert oder sich zersetzt. In beiden Fällen entstehen gasförmige Stoffe.

Die Verbrennung einer Kohlenstoffverbindung erfolgt deshalb niemals unmittelbar, d. h. kein fester oder flüssiger Stoff verbrennt in diesem Zustand:

Der Verbrennungsvorgang ist eine rein gasförmige Reaktion.

Brennbare Stoffe und Brennstoffe. Jeder „Brennstoff" ist ein „brennbarer" Körper, aber umgekehrt ist nicht jeder „brennbare" Körper ein Brennstoff. Technische und wirtschaftliche Erwägungen beschränken vielmehr die Auswahl der Brennstoffe unter folgenden Gesichtspunkten:

Definition und Einteilung.

a) Vorkommen des brennbaren Stoffes in solcher Menge, daß sich eine technische Verwendung von Dauer darauf gründen läßt.

b) Bestimmtes Wertverhältnis zwischen Gestehungskosten und Verbrennungswärme des brennbaren Stoffes.

c) Normale Verbrennungsprodukte, also keine größeren Anteile von Schwefel (bis höchstens 5%), der ein saures Verbrennungsprodukt gibt.

Unter diesen Gesichtspunkten betrachtet, hat von dem organischen Wachstum der Gegenwart nur das Holz als Brennstoff Bedeutung, andere pflanzliche und insbesondere tierische Produkte scheiden fast vollständig aus.

In weitaus überwiegender Menge sind vielmehr die natürlichen Brennstoffe kein Wachstum der Gegenwart, sondern „fossil". In der Mineralogie bezeichnet man als „Fossilien" solche Stoffe, die aus organischen Körpern entstanden sind, und unterscheidet 2 Hauptarten:

1. fossile Stoffe pflanzlicher Herkunft = Kohlen,
2. fossile Stoffe tierischer Herkunft = Erdöl.

Verbrennungstechnisch ist von Bedeutung, daß die Bildung der Kohlen und des Erdöls nicht allein eine Anhäufung von brennbaren Stoffen darstellt, sondern gleichzeitig eine Konzentration und Verbesserung der brennbaren organischen Substanz. Während nämlich die lebende organische Substanz immer durch hohen Sauerstoffgehalt ausgezeichnet und deshalb als Brennstoff minderwertig ist, geht die Bildung der fossilen Stoffe so vor sich, daß in erster Linie Sauerstoff zusammen mit Wasserstoff als Wasser und in geringem Maße mit Kohlenstoff als Kohlensäure abge-

Tabelle 1.

Produkte des Lebensprozesses	Mol.-Gew.	C %	H %	O %
Zellulose (Holzstoff) $C_6H_{10}O_5$	162	44,44	6,17	49,39
Palmitinfett $C_{51}H_{98}O_6$ (Glyzerin-Tripalmitinsäure-Ester)	806	75,93	12,16	11,91

spalten wird. Es findet keine tiefgreifende Zersetzung statt, sondern ein „Abbau", der zu einer Konzentration des Kohlenstoffes und damit zu einer hochwertigen brennbaren Substanz führt. Die wirksamen Kräfte dabei sind schonender Art: milde Temperatur, aber sehr hohe Drücke und als Hauptfaktor lange Zeiträume.

Die unmittelbare Verwendung der beiden natürlichen Brennstoffe — Kohle und Erdöl — ist der Menge nach wenig, der Art

1*

nach aber sehr stark beschränkt und erfordert deshalb in vielen Fällen die Umwandlung in künstliche Brennstoffe. Für die Herstellung der letzteren sind folgende Gesichtspunkte maßgebend:

1. Im einfachsten Fall Veredelung (Trocknung, Verdichtung und Formgebung) ohne chemische Veränderung: Preßkohlen oder Briketts.

2. Herstellung von Brennstoffen solcher Art, die in der Natur nicht vorkommen, weil sie sich nur durch tiefgreifende Zersetzung bilden: die Produkte der Verkokung und Entgasung.

3. Vollständige Überführung fester Brennstoffe in gasförmige durch Vergasung (Generatoren).

4. Systematische Aufarbeitung natürlicher (Erdöl) oder künstlicher (Steinkohlenteer) Rohstoffe durch Destillation.

Im Sinne von 4. müssen alle flüssigen Brennstoffe „künstliche" sein. Natürliche und künstliche Brennstoffe ergeben in Verbindung mit dem Aggregatzustand die bekannte Einteilung der Brennstoffe Tabelle 2.

Tabelle 2.

Aggregatzustand	Natürliche Brennstoffe	Künstliche Brennstoffe
Fest	Holz und Kohlen	Holzkohle Koks und Briketts
Flüssig	Erdöl (Rohpetroleum)	Alle Destillationsprodukte von Erdöl, Steinkohlenteer und Braunkohlenteer. Spiritus.
Gasförmig	Naturgas	Alle durch Entgasung (Kokereigas, Leuchtgas) und Vergasung (Generatorgas) gewonnenen Gase.

Von dieser Einteilung ist zu sagen, daß sie tatsächlich nur Holz und Kohlen scharf abgrenzt, aber unter kritischen Gesichtspunkten nicht genügt, weil der Aggregatzustand nur eine Funktion der Temperatur ist.

Ganz allgemein sind vielmehr Eigenschaften und Verhalten der Brennstoffe bedingt durch:
1. das Verhalten in der Wärme,
2. die chemische Zusammensetzung,
3. die Verbrennungswärme (Heizwert).

Verhalten in der Wärme. Der Aggregatzustand eines Stoffes ist von der Temperatur abhängig, als Einteilungsprinzip ist er deshalb gerade für die Brennstoffe ungenügend und unkritisch.

Definition und Einteilung.

Da jede Verbrennung mit einer Erwärmung des Brennstoffes beginnt, so ist von alleiniger Bedeutung die durch die Temperatur bedingte Änderung des Aggregatzustandes bzw. die Zerstörung des Brennstoffes.

Eine indirekte Anerkennung dieses Grundsatzes war schon bisher üblich dadurch, daß man bei den Kohlen die Verkokung als die technisch wichtigste Eigenschaft betrachtet hat, während chemische Zusammensetzung und Verbrennungswärme erst an zweiter Stelle kommen. Verkokung, das ist Zersetzung, tritt ein, wenn Holz oder Kohlen erwärmt werden. Das Maß dieser Zersetzung ist technisch außerordentlich bedeutsam. Wir ändern aber nichts an dieser Bedeutung, wenn wir die Verkokungseigenschaft nicht mehr als speziellen Fall behandeln, sondern sie dem allgemeinen und umfassenden Begriff unterordnen: Verhalten der Brennstoffe bei Erwärmung.

Unter diesem Gesichtspunkte sind nur 2 Fälle möglich:

Wärmebeständige	Aggregat-zustand	Wärmeunbeständige
	Fest	
Kontinuität durch Schmelzen		Kein Schmelzen, sondern Zersetzung
	Flüssig	
Kontinuität durch Verdampfen		Kein Verdampf., sondern Zersetzung
	Gas	

Holz und Kohlen unterscheiden sich nicht als „feste" Körper von allen anderen Brennstoffen, sondern als wärmeunbeständige. Bei den wärmebeständigen wiederum entfällt jede Grenze zwischen dem flüssigen und gasförmigen Aggregatzustand.

Wärmebständigkeit und -unbeständigkeit sind in der chemischen Konstitution begründet; denn die Kontinuität des Aggregatzustandes setzt chemische Verbindungen von molekularer Beweglichkeit voraus. Die Grundzüge einer solchen chemischen Konstitution sind: Vollkommene Bindung des Kohlenstoffes an Wasserstoff und nur an diesen (kein Sauerstoff). Der unmittelbare Wert der Einteilung „wärmebeständig und wärmeunbeständig" liegt darin, daß diese Einteilung gleichzeitig eine Unterscheidung der beiden Hauptverwendungsarten darstellt: Feuerungen und Motoren.

Über die graduellen Unterschiede innerhalb der beiden Klassen ist zu bemerken:

1. Die wärmeunbeständigen festen Brennstoffe lassen sich äußerlich nur durch die Größe (Stückelung) und Beschaffenheit ihrer Oberfläche unterscheiden. Dasselbe gilt dann auch für den festen Zersetzungsrückstand (Verkokungsrückstand) dieser Brennstoffe.

Tabelle 3. **Einteilung der Brennstoffe nach ihrer Verwendung.**

Verbrennung bei konstantem Druck		Verbrennung bei konst. Volumen
Offene Form Feuerungen	Geschlossene Form (erhöhter Druck) Gleichdruck- oder Brennermotoren	Verpuffungs- oder Zünder- motoren
Beide Arten von Brennstoff	Nur wärmebeständ.	Nur wärmebeständige
1. Für wärme u n beständige die einzig mögliche Art der Verbrennung. 2. Für wärmebeständige aus wirtschaftlichen Gründen beschränkt auf: a) Heizöle, das sind schwere Destillate u. Destillationsrückstände; b) Heizgase, das sind meist Schwachgase.	Flüssige Brennstoffe, die zwischen 250—350° unvollkommen gasförmig werden: Destillate von Erdöl, Steinkohlenteer und Braunkohlenteer.	a) Ohne Vergaser (reiner ortsfester Gasmotor) nur vollkommene Gase. b) Mit Vergaser (Fahrzeugmotor) unvollkommene Gase, im Vergaser aus flüssigem Brennstoff von 70—150° Siedegrenzen gebildet.

2. Die wärmebeständigen Brennstoffe unterscheiden sich durch die Temperaturbereiche, bei welchen sie den dampf- bzw. gas-

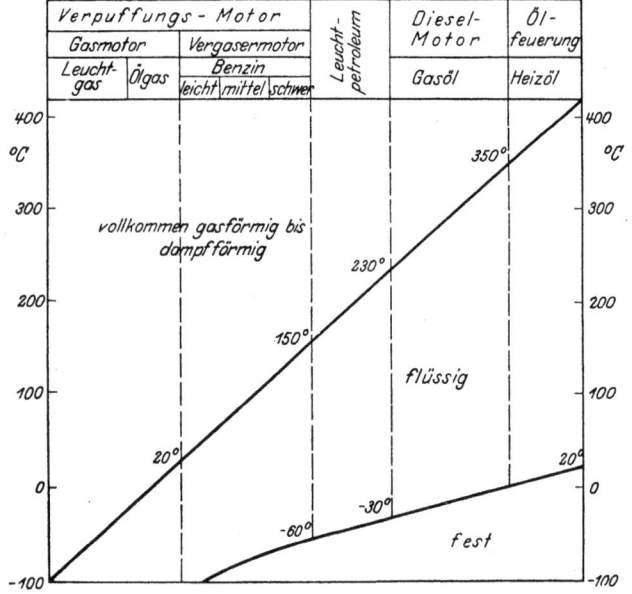

Abb. 1. Aggregatzustand und Verwendung der wärmebeständigen Brennstoffe.

förmigen Zustand annehmen, und weiterhin durch die Vollkommenheit und Unvollkommenheit des Gaszustandes.

a) Vollkommene Gase.

b) Flüssige Brennstoffe von niedrigem Siedebereich (bis 150°), mit erheblicher Dampftension bei normaler Temperatur.

c) Flüssige oder feste Brennstoffe, (Naphthalin, Anthrazen) von mittlerem Siedebereich (250 bis 350°), unvollkommenes Gas (Dämpfe) bildend.

d) Flüssige oder feste Brennstoffe von sehr hohem Siedebereich (Siedebeginn 350 bis 450°), verdampfen unvollkommen und nicht ganz frei von Zersetzung.

2. Die chemische Zusammensetzung.

Unverbrennliche Bestandteile. Kein Brennstoff ist vollkommen, d. h. ohne Rest, brennbar, sondern er enthält immer unverbrennliche Bestandteile, nämlich Wasser und mineralische Bestandteile (Asche).

Die Summe der unverbrennlichen Bestandteile bestimmt indirekt die „Reinsubstanz", die als „brennbare Substanz", bei den Kohlen auch „Reinkohle", bezeichnet wird. Man hat demgemäß bei der chemischen Zusammensetzung zu unterscheiden:

a) die allgemeine oder Rohzusammensetzung, welche die unverbrennlichen Anteile mit umfaßt.

b) die spezifische chemische Zusammensetzung, d. i. die Zusammensetzung der wasser- und aschefreien, brennbaren Reinsubstanz.

Die Summe der unverbrennlichen Anteile ist zahlenmäßig nur bei den Kohlen von Bedeutung (mindestens 5%). Bei den wärmebeständigen flüssigen Brennstoffen beträgt die Summe des Unverbrennlichen

bei den niedrigsiedenden Destillaten $< 0,1\%$,
bei den mittleren Destillaten (Treiböle) $0,5-1,5\%$,
bei den hochsiedenden Destillaten (Heizöle) $1,5-3\%$.

Praktisch kann deshalb der Unterschied zwischen der rohen und der spezifischen Zusammensetzung bei den flüssigen Brennstoffen vernachlässigt werden.

Bei den vollkommenen Gasen, deren Zusammensetzung in Raumprozenten (Gasanalyse) angegeben wird, ist der Gehalt an unverbrennlichen Bestandteilen von besonderer Art und immer zahlenmäßig bedeutend. Solche unverbrennliche Bestandteile sind:

Verbrennungsprodukte: Kohlensäure und Wasserdampf, außerdem Wasserdampf als Gasfeuchtigkeit;

Luftbestandteile: Reste von Sauerstoff und als Ballast Stickstoff.

Von diesen Bestandteilen verhält sich aber bei der Verbrennung nur der Stickstoff vollständig indifferent. Für Kohlensäure und Wasserdampf dagegen ist unverbrennlich nicht gleichbedeutend mit indifferent. Die Bedeutung der unverbrennlichen Bestandteile als Summe ist bei den Gasen einer „Verdünnung" der brennbaren Substanz zu vergleichen. Für die Allgemeinheit der Brennstoffe ist das Verhalten und die Bedeutung von Wasser und Asche für die Verbrennung völlig verschieden.

Beim Wassergehalt von Brennstoffen ist ganz allgemein zu unterscheiden:

1. die spezifische oder hygroskopische Feuchtigkeit. Sie ist äußerlich nicht erkennbar und innerhalb bestimmter Grenzen konstant und charakteristisch. Die hygroskopische Feuchtigkeit entweicht vollständig erst über 100°.

2. die äußere grobe Feuchtigkeit oder Nässe. Sie ist Oberflächenfeuchtigkeit oder mechanisch beigemengtes Wasser. Diese Feuchtigkeit entweicht beim Trocknen an der Luft oder bei gelindem Erwärmen.

Von den Brennstoffen besitzen nur Holz und Kohlen spezifische Feuchtigkeit. Diese nimmt ab mit dem geologischen Alter.

Tabelle 4. Hygroskopische Feuchtigkeit.

Abgelagertes Holz	15— 20%
Abgelagerter Torf	20— 25%
Lignitische Braunkohle	35— 45%
Jüngere Steinkohle (Sinterkohle)	6— 12%
Mittlere Steinkohle (Gasflammkohle)	1—2,5%
Ältere (magere) Steinkohle und Anthrazit	0,5— 1%

Entzieht man Holz oder Kohlen die spezifische Feuchtigkeit, so werden sie hygroskopisch (wasseranziehend), und ihre Struktur verliert an Festigkeit. Die grobe Feuchtigkeit von Holz und Kohlen ist abhängig von der Oberfläche, Witterung usw. und deshalb regellos.

Die wärmebeständigen flüssigen Brennstoffe haben nur ein geringes Lösungsvermögen für Wasser, sind aber innerhalb dieser Grenzen niemals vollständig frei von Wasser. Als Regel kann gelten:

1. Steinkohlenteerdestillate vermögen mehr Wasser zu lösen als Erdöldestillate. Dies hängt damit zusammen, daß sauerstoffhaltige Bestandteile ein größeres Lösungsvermögen für Wasser haben als reine Kohlenwasserstoffe.

2. Das Lösungsvermögen für Wasser steigt mit der Siedetemperatur.

3. Bei schwerflüssigen Produkten (Teer, dicke Heizöle usw.) wird Wasser auch mechanisch eingeschlossen.

Die chemische Zusammensetzung.

Tabelle 5.

Benzin	0,003—0,007%	Wasser
Benzol	0,03 —0,07 %	,,
Petroleum	0,005—0,01 %	,,
Gasöl	0,5 —1,0 %	,,
Mittleres Teeröl	1,0 —1,5 %	,,
Petroleum-Heizöl	1,5 —3,0 %	,,

Verbrennungstechnisch bedeutet der Wassergehalt:
a) indirekt eine Verdünnung der brennbaren Substanz und damit der Verbrennungswärme,
b) direkt einen Wärmeaufwand für die Verdampfung des Wassers.

Beides zusammengefaßt ergibt, daß der negative Einfluß des Wassergehaltes, in Wärmeeinheiten ausgedrückt, immer größer ist als der des Aschegehaltes. Die grundsätzliche Bedeutung, die die Wassergasgleichung für jede Art von Verbrennung besitzt, ergibt jedoch, daß sehr geringe Wassergehalte (Motorentreibmittel) der Verbrennung förderlich sind. Bei Kohlen und besonders bei Koks hat eine solche katalytische Wirkung nur Wasserdampf, der von unten her durch den Rost tritt (mit der Primärluft). Das oberflächliche „Nässen" der Kohlen dagegen hat keine solche Wirkung.

Als Asche bezeichnet man die Gesamtheit der in einem Brennstoff enthaltenen mineralischen Bestandteile. Einen spezifischen, d. h. natürlich gewachsenen Aschegehalt besitzen nur Holz und Kohlen und das rohe Erdöl bzw. dessen Destillationsrückstände (Heizöl). Alle durch Destillation hergestellten flüssigen Brennstoffe enthalten sehr wenig Asche (weniger als 0,1%) von fremdartiger Herkunft (meist Eisenoxyd und andere mineralische Bestandteile aus den Apparaten, Behältern, Rohrleitungen usw.).

Die Asche ist im Brennstoff in feinster Verteilung und unsichtbar enthalten, bleibt aber trotzdem ein Fremdkörper und vermindert deshalb bei den Kohlen die Festigkeit. Die trockene Aufbereitung der Kohle gibt deshalb zunehmende Aschegehalte mit abnehmender Korngröße (kleinster Aschegehalt in den Stückkohlen, größter in den Feinkohlen). Holz und Pflanzensubstanz überhaupt enthalten nicht über 0,5% Asche. Die Vermehrung des Aschegehaltes beim Kohlenbildungsprozeß hat 2 Ursachen:

indirekt durch abbauende Zersetzung der brennbaren Substanz,
direkt durch geologische Einflüsse sekundärer Art (Mineralsedimente).

Der Aschegehalt beeinflußt die Güte, insbesondere der Steinkohlen, zahlenmäßig sehr stark. Bei einem Aschegehalt von un-

gefähr 20% an bezeichnet man eine Steinkohle als „minderwertig".
Die Möglichkeit, minderwertige Kohle zu verfeuern, geht bis
40—50% Asche.

Die chemische Zusammensetzung der Asche kann alle Bestandteile aufweisen, die in der festen Erdrinde vorkommen. Sie ist trotzdem einfach zu übersehen, weil in der festen Erdrinde bestimmte Säuren und Basen bis zu dem Grad überwiegen, daß alle anderen sonst noch möglichen Bestandteile daneben quantitativ nicht in Betracht kommen.

Äußerlich tritt von den Aschebestandteilen der Schwefelkies (Pyrit) FeS_2 hervor, welcher vielfach in wohlausgebildeten Kristallen in Braun- und Steinkohlen vorkommt.

Die sauren und basischen Oxyde, die, zu Salzen kombiniert, in der Asche vorkommen, sind in der Reihenfolge ihrer Bedeutung die folgenden:

Säuren	Basen
Kieselsäure SiO_2	Eisenoxyde FeO, Fe_2O_3, Fe_3O_4
Schwefelsäure SO_3	Tonerde Al_2O_3
Schwefelwasserstoff H_2S (Sulfide)	Kalk CaO
Kohlensäure CO_2	Magnesia MgO
Phosphorsäure P_2O_5	Alkalien K_2O, Na_2O
Chlor Cl	

Der Menge nach meist überwiegend sind die zahllosen Salze der Kieselsäure (Silikate) und die Oxyde des Eisens.

Bei der Verbrennung der Kohlen vollziehen sich in der Asche chemische Wandlungen tiefgreifender Art, die dieselben sind, wie bei der Bildung der natürlichen Mineralien vulkanischen Ursprungs. Das heißt: diese Wandlungen erfolgen immer nach der Richtung, daß sich diejenigen Verbindungen bilden, die bei der gegebenen Temperatur die beständigsten sind. Da im Bereiche hoher Temperaturen die Kieselsäure die einzig beständige Säure ist, so tritt der Silikatcharakter der Asche am stärksten hervor.

Bei den chemischen Verbindungen in der Asche steht demnach der Einfluß der Temperatur an erster Stelle. Aber auch die reduzierenden und die Einflüsse der Verbrennung selbst treten in die Erscheinung. Die wichtigsten chemischen Wandlungen der Asche sind:

    a) die Neu- und Umbildung von Silikaten,
    b) die Kalzination von Karbonaten,

$$CaCO_3 = CaO + CO_2,$$

c) Reduktion von Sulfaten zu Schwefelmetall (Sulfide) und von Phosphaten zu Phosphormetall (Phosphide),
d) Veränderungen in den Oxydationsstufen des Eisens, hitzebeständigste Form: Fe_3O_4,
e) Graphitierung des Kokskohlenstoffes und Bildung von Karbiden des Eisens und des Siliziums,
f) Abröstung des Schwefelkieses

$$3\,FeS_2 + 4\,O_2 = Fe_3O_4 + 2\,SO_2,$$

g) Verflüchtigung von Bestandteilen, insbesondere von Kochsalz NaCl.

Die sichtbarste Auswirkung dieser chemischen Veränderungen ist das Schmelzen der Feuerungsrückstände (Asche plus unverbrannter Kohlenstoff), technisch als Verschlackung bezeichnet. Die Verschlackung ist chemisch kein einheitlicher Vorgang, auch nicht in bezug auf die Temperatur, weil die Mischung der mineralischen Verbindungen den Schmelzpunkt unregelmäßig beeinflußt. Technisch ist die Verschlackung auch dann schon bemerkbar, wenn sie nur eine Zähflüssigkeit ist, d. h. wenn nur bestimmte Teile schmelzen und dadurch auch mit nichtschmelzenden Bestandteilen zusammenbacken. Infolge dieser vielfachen Einflüsse läßt sich das Verhalten einer Kohle in bezug auf die Verschlackung durch Laboratoriumsversuche nicht bestimmen. Praktisch unterscheidet man ungefähr folgende Grenzen:

leichtflüssige Asche	= unter 1200°	schmelzend
mittelflüssige „	= 1200—1300°	„
strengflüssige „	= 1350—1500°	„
praktisch unschmelzbar	= über 1500°	„

(Die Temperaturen beziehen sich auf den Vergleich mit Segerkegeln.)

Asche in feinster Verteilung, wie z. B. bei Kohlenstaubfeuerungen, neigt zum Sintern, d. h. sie wird beim Aufprallen auf Wandungen vorübergehend flüssig und backt dann an.

Für die Beziehung zwischen chemischer Zusammensetzung und dem Schmelzpunkt der Asche gibt es eine Formel

$$\frac{SiO_2 + Al_2O_3}{FeO + Fe_2O_3 + CaO + MgO},$$

welche besagt, daß die Asche um so schwerer schmilzt, je größer der Zähler im Verhältnis zum Nenner ist. Diese Formel ist indessen unbrauchbar. Dem Sinne nach sagt sie bloß aus, daß eine Asche um so schwerer schmilzt, je mehr sie sich in ihrer Zusammensetzung einem reinen Tonerdesilikat nähert. Dies ist eine bekannte Tatsache der Mineralogie. Zahlenmäßig aber ist die Formel deshalb nicht zu gebrauchen, weil bestimmte Bestandteile, insbesondere Alkalien, den Schmelzpunkt außerordentlich stark erniedrigen und die meist unbekannten, dabei aber wechselnden Oxydstufen des Eisens große Unterschiede im Schmelzpunkt bedingen.

Die Asche wirkt, besonders bei Staubfeuerungen, chemisch auch auf das Mauerwerk ein, ebenso auch auf Roststäbe usw. Diese Einwirkungen werden genau so wie das Verhalten der Asche selbst durch die Gesetze der Mineralchemie bestimmt.

Bei Koks und verkokten Kohlen bewirkt der Aschegehalt eine Zunahme der Schwerverbrennlichkeit durch Graphitierung des Kohlenstoffs. Bei den Feuerungsrückständen wird Kohlenstoff außerdem in die schmelzende Asche mechanisch eingeschlossen.

Die brennbare Substanz. Die brennbare Substanz oder Reinsubstanz, bei den Kohlen auch Reinkohle genannt, ist immer nur indirekt bestimmt nach der Gleichung

% brennbare Substanz = 100% Rohbrennstoff — (% Wasser + % Asche).

Sie ist zahlenmäßig nicht scharf zu erfassen, weil Sauerstoff, Schwefel und selbst Kohlenstoff (kohlensaure Salze) auch in der Asche vorkommen und diese sich durch die Erhitzung chemisch ändert. Der Schwefelkies FeS_2, der bei der Verbrennung abröstet, nimmt ohnehin eine Mittelstellung zwischen Asche und brennbarer Substanz ein. Zahlenmäßig bedeutsame Unterschiede zwischen Rohbrennstoff und Reinsubstanz gibt es nur beim Holz und bei den Kohlen. Da die brennbare Substanz der alleinige Träger aller Brennstoffeigenschaften ist und als solcher mit dem schwankenden Wasser- und Aschegehalt gewissermaßen nur verdünnt ist, so wird die kritisch wissenschaftliche Betrachtung der gesamten Brennstoffe geregelt durch das Gesetz von der Konstanz der Reinkohle:

Kohlen gleicher Herkunft und in erweitertem Sinne Kohlen gleicher Altersstufe ergeben, auf wasser- und aschefreie Substanz (Reinkohle) berechnet, annähernd gleiche Zahlenwerte für die chemische Zusammensetzung, die Verbrennungswärme und die Verkokung.

Wenn man zunächst von reinem Wasserstoff als Bestandteil von Brennstoffen absieht und ebenso von reinem Kohlenstoff

Die chemische Zusammensetzung.

(Koks), so ist die brennbare Substanz im allgemeinsten Fall immer aufzufassen als eine Summe von Kohlenstoffverbindungen. Dieser Auffassung als Summe entspricht es, daß man die Zusammensetzung der Brennstoffe (mit Ausnahme der Gase) immer in Gewichtsprozenten Kohlenstoff, Wasserstoff und Sauerstoff angibt. Diese Betrachtungsweise berücksichtigt nicht die Art der Kohlenstoffverbindungen, wie sie gegeben ist durch die Anzahl (Molekulargewicht) und die räumliche Lagerung (Konstitution) der Atome.

In dieser Hinsicht hat man zu unterscheiden:

a) Brennstoffe mit individuellem chemischen Charakter sind alle vollkommenen Gase (H_2, CH_4, CO usw.) und Spiritus C_2H_6O, Benzol C_6H_6, Naphthalin $C_{10}H_8$ usw., Zellulose $C_6H_{10}O_5$.

b) Brennstoffe, bestehend aus Typen von chemischen Verbindungen, d. i. gleiche chemische Art, aber verschiedenes Molekulargewicht, sind typisch die Kohlenwasserstoffe des Benzins C_nH_{2n+2} (n = 5—9) und ganz allgemein alle technischen flüssigen Brennstoffe.

c) Brennstoffe von unbekannter chemischer Art und gleichzeitig von Mischcharakter sind die Kohlen.

Der Charakter der Brennstoffe als einer chemischen Ware bedingt natürlich, daß sie nie chemisch rein sind, auch nicht als Typen. Grundsätzlich aber unterscheiden sie sich nicht von den Kohlenstoffverbindungen im allgemeinen, insbesondere sind auch die Kohlen ihrer ganzen Masse nach Kohlenstoffverbindungen, die keinen freien Kohlenstoff enthalten.

Die chemische Systematik. Die Art der Kohlenstoffverbindung ist für den Verbrennungsvorgang von ausschlagebender Bedeutung. Dies ist zuerst durch die Erforschung des Verbrennungsvorganges im Dieselmotor (Rieppel) erkannt worden. Die Grundgesetze der Kohlenstoffchemie sind deshalb auch ganz allgemeine Gesetze für den Verbrennungsvorgang. Sie führen zu einer einfachen chemischen Systematik der Brennstoffe, die uns gestattet, die chemische Zusammensetzung aus Kohlenstoff, Wasserstoff und Sauerstoff als Summe anzugeben, ohne die chemische Art zu vernachlässigen. Dieses brennstoffchemische Grundgesetz lautet:

Vom chemischen Standpunkt aus können die Brennstoffe Kohlenstoffverbindungen sein oder durch Zersetzung von Verbindungen entstandener Kohlenstoff (Koks). Insgesamt ergeben sich daraus vier Möglichkeiten der chemischen Zusammensetzung, d. h. ein Brennstoff kann bestehen aus:

14   Anschauungen und Wandlungen.

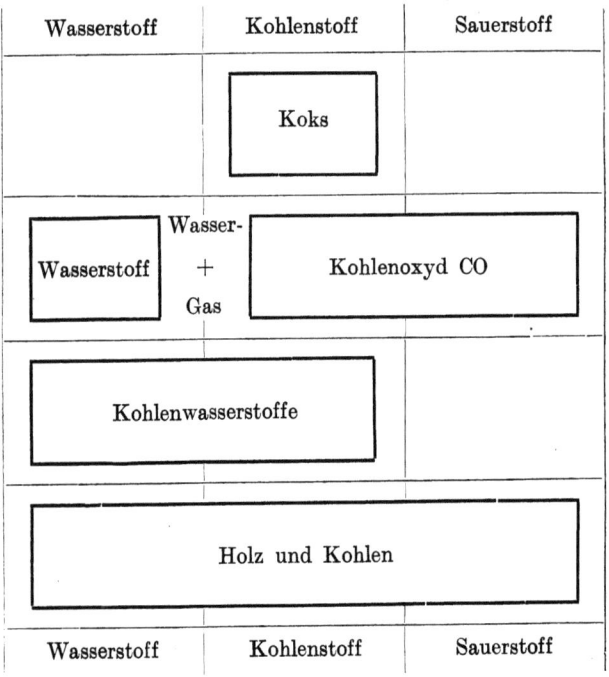

Diese 4 Möglichkeiten, im folgenden „chemische Systematik" genannt, schaffen für die Gesamtheit der Brennstoffe eine Einteilung, die ihre Eigenschaft und ihr Verhalten bei der Verbrennung viel treffender wiedergibt als die äußerliche Einteilung[1]) nach dem Aggregatzustand. Insbesondere gibt die chemische Systematik ohne weiteres einen Einblick in die technische Verwendung, sie läßt in unzweideutiger Weise den Fundamentalunterschied zwischen Feuerungen und Motoren in bezug auf die Brennstoffe erkennen.

3. Die Verbrennungswärme.

Heizwert und Verbrennungswärme. Verbrennungswärme ist diejenige Wärmemenge in kcal, die von der Gewichtseinheit (bei Gasen von der Volumeinheit) einer Kohlenstoffverbindung

---

[1]) Der Vollständigkeit halber sei dazu bemerkt, daß auch die Mineralogie von der früheren äußerlichen Einteilung (Erze, Steine, Erden usw.) schon längst zur Einteilung auf Grund der chemischen Systematik übergegangen ist.

Die Verbrennungswärme. 15

Tabelle 6. Chemische Systematik der Brennstoffe.

Chemische Systematik	Kohlenstoff	Kohlenstoff und Sauerstoff	Kohlenstoff und Wasserstoff	Kohlenstoff und Wasserstoff und Sauerstoff
Verhalten in der Wärme	Aggregatzustand unveränderlich u. chem. passiv	Beständig		Unbeständig
		Kontinuität des Aggregatzustandes		
Zugehörige Brennstoffe	Alle durch Verkokung hergestellten künstlichen Brennstoffe, das sind alle Arten von Koks	Kohlenoxyd CO. Als Verbrennungsform des Kohlenstoffs die Grundlage jeder Vergasung, Hauptbestandteil der dabei gewonnenen Schwachgase.	Fette, vollkommene Gase (Entgasung); Fette unvollkommene Gase (Benzin, Benzol usw.); flüssige Brennstoffe im allgemeinen, das s. Heiz- u. Treiböle	Pflanzensubstanz: Holz; fossile Pflanzensubstanz: Kohlen
Verbrennung	Keine unmittelbare	Bei konstantem Druck (Feuerungen) und bei konstantem Volumen (Motoren)		Nur bei konstantem Druck (Feuerungen)

oder eines Brennstoffes bei vollständiger Verbrennung zu Kohlensäure und Wasser entwickelt wird. Als Größe ist sie eindeutig nur dann bestimmt, wenn die Verbrennungsprodukte bis auf die Anfangstemperatur vor der Verbrennung abgekühlt werden. Diese Bedingung, ebenso wie die der restlosen Verbrennung, wird nur von den Verbrennungskalorimetern erfüllt.

Bei den technischen Verbrennungsvorgängen wird eine solche Vollständigkeit auch nicht annähernd erreicht aus zwei Gründen:

1. Die Verbrennungswärme wird nicht vollständig entwickelt, weil unvollkommen verbrannte Teile sowohl in den Verbrennungsgasen wie auch in den Rückständen auftreten.

2. Die entwickelte Wärme kann nicht restlos ausgenutzt werden (bzw. gemessen werden), weil die Verbrennungsgase mit Temperaturen von mindestens 150° C abziehen (Abwärmeverlust), abgesehen von weiteren Wärmeverlusten durch Ableitung und Abstrahlung.

Das Wasser als Verbrennungsprodukt ist deshalb bei der technischen Verbrennung immer dampfförmig und nicht flüssig wie in den Kalorimetern. Die in der Verbrennungswärme enthaltene Verdampfungswärme, richtiger Kondensationswärme des Wassers kann deshalb nicht ausgenutzt werden. Dies führte dazu, zum Unterschied von der Verbrennungswärme oder dem „oberen" (höheren) Heizwert den Begriff des „unteren" Heizwertes oder des Heizwertes schlechthin zu schaffen. Ist $w\%$ der Feuchtigkeitsgehalt und $H\%$ der Wasserstoffgehalt eines Brennstoffes, so ist:

$$\text{Heizwert} = \text{Verbrennungswärme} \div \frac{w + 9H}{100} \cdot 600 \text{ kcal.}$$

Der Begriff „Heizwert" entstand zu einer Zeit, als die Verbrennungstechnik im wesentlichen gleichbedeutend war mit der Technik der Kohlenfeuerungen (Heiztechnik). Ein wissenschaftlich genauer Begriff war der Heizwert nie: er wird auf $0°$ Endtemperatur bezogen, die Verbrennungswärme aber auf die Endtemperatur im Kalorimeter (Zimmertemperatur = rund $20°$), für welche die Verdampfungswärme 584 kcal ist. Die Verdampfungswärme beträgt überdies bei $0°$ nicht 600, sondern 595 kcal. Diese Ungenauigkeit war, solange es sich nur um Steinkohlen mit vergleichsweise konstanter Menge Verbrennungswasser handelte, nicht von Belang. Erst mit der Verwendung sehr wasserreicher Brennstoffe, wie Rohbraunkohle, und vor allem der hochwasserstoffhaltigen flüssigen Brennstoffe machten sich die Unstimmigkeiten bemerkbar.

Der Gesichtspunkt der praktischen Ausnutzung, der sich zweifellos mit dem unteren Heizwert deckt, muß indessen zurücktreten gegenüber der Anforderung einer einheitlichen Rechnungsgrundlage für alle Arten von Brennstoffen und alle Formen der Verbrennung, und das ist nur die Verbrennungswärme. Es kommt noch hinzu, daß die wissenschaftliche Kalorimetrie der chemisch reinen Stoffe immer schon obere Heizwerte angewandt hat (vgl. Landolt-Börnstein: Physik.-chemische Tabellen). Die ganze Entwicklung der Verbrennungstechnik, insbesondere der Motoren, drängt aber dazu, einen unmittelbaren Vergleich zwischen Brennstoffen und chemisch reinen Kohlenstoffverbindungen zu ermöglichen.

Aus solchen und anderen Gründen heraus hat der Verein deutscher Ingenieure bei der Neubearbeitung der „Regeln für Abnahmeversuche an Dampfanlagen (R. A. D. 1925)" in Absatz 19 dieser Regeln bestimmt:

Als Heizwert kommt wissenschaftlich nur der obere, d. h. auf $0°$ Endtemperatur und flüssiges Wasser bezogene Heizwert in Betracht. Mit Rücksicht auf die notwendige Anpassung an den bisherigen Gebrauch sowie den erheblichen Unterschied, der sich bezüglich der Wirkungsgrade ergibt zwischen oberem und unterem Heizwert bei wasser- und wasserstoffreichen Brennstoffen, empfiehlt es sich, auch den unteren Heizwert, bezogen auf

Kohlensäure und dampfförmiges Wasser, vorläufig mit anzugeben und zu berücksichtigen.

Für das vorliegende Buch, das die Beziehungen zwischen Brennstoffen und Kohlenstoffverbindungen darstellen soll, ist nur der obere Heizwert von Bedeutung. Der „untere" Heizwert, wie überhaupt das Wort „Heizwert", soll nicht angewendet werden, sondern ersetzt werden durch den wissenschaftlich und technisch gleich umfassenden Begriff der „Verbrennungswärme".

Die Verbrennungswärme gilt als der unmittelbarste Wertmesser für alle Brennstoffe. Ihre Größe und ebenso die Größenunterschiede, die sich zwischen den Hauptarten der Brennstoffe ergeben, sind deshalb von großer technischer Bedeutung. Aber auch für die chemische Betrachtung ist es aufschlußreich, diejenigen Faktoren und Gesetzmäßigkeiten darzustellen, aus denen die Größe der Verbrennungswärme resultiert.

Thermochemisches Grundgesetz. Das allgemeinste thermochemische Grundgesetz besagt, daß die Verbrennungswärme einer Verbindung die Differenz darstellt zwischen der Verbrennungswärme der Atome Kohlenstoff und Wasserstoff und der Bildungswärme (Bindungswärme) des Moleküls.

Tabelle 7.
Bildungs- und Verbrennungswärme von Zellulose $C_6H_{10}O_5$.

$C_6\ \ =\ 6\cdot 12\ =\ 72\ =\ 44{,}4\%\cdot\ \ 8040$ kcal . . . . . $=3570$ kcal
$H_{10}=10\cdot 1\ =\ 10\ =\ \ \ 6{,}2\%\cdot 33930$ kcal . . . . . . $=2104$ „
$O_5\ \ =\ 5\cdot 16\ =\ 80\ =\ 49{,}4\%\cdot\ \ \ \ \ \ 0$ kcal . . . . . $=0000$ „

$C_6H_{10}O_5\ \ \ \ \ \ \ =162=100{,}0\%\ =$ Verbrennungswärme
$\ $ der Atome C und H. $=5674$ kcal
$\ \ \ \ \ \ \ \ \ \ \ \ \ \ \ \ \ \ \ $ minus Bildungswärme . . . . . $=1489$

Kalorimetrisch ermittelte Verbrennungswärme . . . . $=4185$ kcal

Dieses Gesetz gilt in vollem Umfang auch für die Brennstoffe, und da selbst der Koks meist noch eine abgestumpfte Kohlenstoffverbindung darstellt, so gibt es eine „elementare" Verbrennungswärme eigentlich nur für den reinen Wasserstoff und für den Diamanten. Die Bildungswärme ist also von indirektem, aber großem Einfluß, und es ist deshalb grundsätzlich niemals richtig, die Verbrennungswärme eines Brennstoffes aus seiner Elementarzusammensetzung zu berechnen unter Vernachlässigung der Bildungswärme. Im übrigen gelten

Anschauungen und Wandlungen.

für die Bildungswärmen der Brennstoffe folgende Gesetzmäßigkeiten:

1. Kohlenstoffverbindungen können bei gleicher prozentualer Zusammensetzung aus Kohlenstoff und Wasserstoff (und Sauerstoff) verschiedene chemische Konstitution und dementsprechend auch verschiedene Bildungswärmen haben (Gesetz der Isomerie und Polymerie, bekanntestes Beispiel Benzol C_6H_6 und Acetylen C_2H_2, in beiden C:H = 1:1).

2. Die Bildungswärmen der reinen Kohlenwasserstoffe sind klein und teilweise negativ (endotherm).

Tabelle 8. **Bildungswärmen in kcal pro Gramm-Molekül.**

Methan CH_4	+ 21 kcal
Äthan C_2H_6	+ 28 ,,
Benzol C_6H_6	+ 4 ,,
Toluol C_7H_8	− 2 ,,
Naphthalin $C_{10}H_8$	− 25 ,,
Anthrazen $C_{14}H_{10}$	− 46 ,,
Azethylen C_2H_2	− 50 ,,

3. Die Bildungswärmen der sauerstoffhaltigen Kohlenstoffverbindungen sind immer positiv und verhältnismäßig groß. Holz, Torf und Braunkohlen, als die typischen sauerstoffhaltigen Brennstoffe, haben deshalb die kleinsten Verbrennungswärmen.

Für die technische Betrachtung ist die Kenntnis der Bildungswärme nicht für jeden einzelnen Brennstoff nötig. Die Größe der Verbrennungswärme als Resultierende aus Atomverbrennungswärme und Bildungswärme läßt sich vielmehr für ganze Klassen erkennen, wenn man das Brennstoffmolekül in Atomgruppen aufteilt. Da die Brennstoffe in den weitaus meisten Fällen hochmolekular sind (Zahl der Kohlenstoffatome größer als 4), so ist das wichtigste Glied für ihren Aufbau die Atomgruppe CH_2. Von dieser reinen Kohlenwasserstoffgruppe leiten sich sodann 2 sauerstoffhaltige ab: die einfache Hydroxylgruppe CH(OH) und die doppelte Hydroxylgruppe $C(OH)_2$ = CO, die sog. Ketongruppe. (Die Ketongruppe CO hat mit dem Kohlenoxyd CO natürlich nichts zu tun.)

Chemische Begründung der Größenunterschiede. Aus den thermochemischen Untersuchungen der reinen Kohlenstoffverbindungen ergeben sich nun für diese Atomgruppe folgende Verbrennungswärmen, die bereits die Resultierende zwischen Atomverbrennungswärme und Bildungswärme darstellen:

Tabelle 9.

Bezeichnung und Bedeutung der Atomgruppe	Formel und Molekulargewicht	Verbrennungswärme in kcal pro Gram-Mol	Verbrennungswärme in kcal pro kg	Beziehung zu Brennstoffen
I Normales Glied der aliphatischen Kohlenwasserstoffe	$=C=H_2$ 14	157	11 214	Typische Aufbaugruppe der Erdöl- und Braunkohlenteerprodukte
II Einfach oxydierte CH_2-Gruppe oder Monohydroxyd	$=C=H(OH)$ 30	104	3467	Teilbestandteile der wärme unbeständigen sauerstoffhaltigen Brennstoffe und besonders der Pflanzenstoffe
III Zweifach oxydierte CH_2-Gruppe oder Dihydroxyd	$=C=(OH)_2$ 46	\multicolumn{2}{Unbeständig, geht durch Wasserabspaltung in $=C=O$ über vgl. IV}	
IV Zweifach oxydierte, anhydrische oder Ketongruppe, aufzufassen als $C(OH)_2 \div H_2O$	$=C=O$ 28	52	1857	

Die Verbrennungswärmen dieser Atomgruppen lassen die bedeutenden Größenunterschiede zwischen den Brennstoffen vom Kohlenwasserstofftyp (Heiz- und Treiböle) und vom Sauerstofftyp (Holz und Kohlen) ohne weiteres erkennen. Sie zeigen aber auch, daß in allen Brennstoffen, auch den sauerstoffhaltigen, der Kohlenwasserstofftyp als Skelett des Moleküls die Grundlage bildet. Die sauerstoffhaltigen Gruppen mit ihrer niedrigen Verbrennungswärme sind wohl ein spezifischer Bestandteil der Kohlen, aber der Menge nach nur beim Holz überwiegend.

Tabelle 10.

1. Kohlenwasserstoffe.

a) Aliphatische von niedrigem Molekulargewicht:
Benzin, H : C = 2 : 1 . . . . 11 000—11 400 kcal

b) Aliphatische, unrein und von höherem Molekulargewicht:
Heiz- und Treiböle von Erdöl, H : C = (1,8—1,6) : 1 . 10 950—10 500 „

c) Ringförmige von niedrigem Molekulargewicht:
Benzol, H : C = 1 : 1 . . . . 10 020 „

d) Ringförmige, unrein und von höherem Molekulargewicht:
Steinkohlenteeröl, H : C = (0,9—0,8) : 1 . . . . . . 9400— 9 600 „

Tabelle 10 (Fortsetzung).
2. Sauerstoffhaltige Verbindungen.

Steinkohlen, magere, 3—5% Sauerstoff . . . . .8750—8650 kcal
Steinkohlen, fette, 6,5—8,5% Sauerstoff . . . . . . .8650—8450 ,,
Braunkohlen, jüngere, 22—28% Sauerstoff . . . . . .6800—6300 ,,
Torf, 33—38% Sauerstoff. . . . . .5700—5300 ,,
Holz, 44—46% Sauerstoff. . . . . .4850—4700 ,,

Die Verbrennungswärme der Atomgruppen läßt im übrigen eine technisch nicht genug beachtete Gesetzmäßigkeit erkennen. Berechnet man nämlich die Verbrennungswärme pro Atom verbrauchten Sauerstoffs, d. i. also 3 Atome für CH_2, 2 Atome für $CH(OH)$ und 1 Atom für $C(OH)_2$, so ergibt sich ein annähernd konstanter Wert:

$O_3 + CH_2$	$O_2 + CH(OH)$	$O_1 + C(OH)_2$	Durchschnitt O_1
$O_1 = \dfrac{157}{3}$	$O_1 = \dfrac{104}{2}$	$O_1 = \dfrac{52}{1}$	52 kcal.

Diese Gesetzmäßigkeit ist wichtig, weil jede Verbrennung nicht bloß als eine Reaktion des Brennstoffes mit Sauerstoff, sondern mit gleicher Berechtigung auch als eine Reaktion des Sauerstoffs mit dem Brennstoff aufgefaßt werden kann.

Bei den gasförmigen Brennstoffen als den reinsten Kohlenwasserstoffen tritt die Verbrennungswärme $CH_2 = 157$ kcal ohne weiteres als Differenz in die Erscheinung, wenn man die Verbrennungswärmen der Kohlenwasserstoffe per Gram-Mol berechnet. Technisch wichtiger ist jedoch bei diesen Kohlenwasserstoffen die Verbrennungswärme pro Volumeinheit, die nach den Gasgesetzen mit dem Molekulargewicht des Kohlenwasserstoffes zunehmen muß. Das Molekulargewicht des Kohlenwasserstoffes ist technisch gleichbedeutend mit der Kohlenstoff-,,Dichte" in der Volumeinheit des Gases, und darin liegt auch der eigentliche Sinn des Ausdrucks ,,Fett", den man für Gase und im übertragenden Sinne auch für Kohlen anwendet. Die Kohlenstoffdichte und damit die Größe der Verbrennungswärme wird dadurch begrenzt, daß der vollkommene Gaszustand über ein gewisses Molekulargewicht nicht hinausgeht. Technisch besteht indessen, insbesondere im Automobilbetrieb, kein scharfer Unterschied zwischen vollkommenen und unvollkommenen Gasen. Gerade die unvollkommenen Gase, die als ,,überfette" Kohlenwasserstoffe gelten können, zeigen deshalb die höchsten Verbrennungswärmen pro Volumeinheit (Benzoldampf).

Die Verbrennungswärme.

Tabelle 11. Verbrennungswärme von Gasen.

Art		Molekular-gewicht	Verbrennungs-wärme pro 1 kg kcal	Verbrennungs-wärme pro 1 cbm kcal
Methan CH_4	} vollkommene Gase	16	13 344	9 530
Äthan C_2H_6		30	13 360	16 600
Propan C_3H_8		44	11 970	23 650
Butan C_4H_{10}		58	11 850	30 800
Pentan C_5H_{12}		72	11 620	38 000
Hexan C_6H_{14}	} unvollkommene Gase (Dämpfe)	86	11 500	44 950
Benzol C_6H_6		78	10 090	33 860

Die experimentelle Ermittlung der Verbrennungswärme (kalorimetrische Bombe) ist für Brennstoffe dieselbe wie für chemisch reine Kohlenstoffverbindungen. Die Verbrennung in der kalorimetrischen Bombe ist eine Verbrennung bei konstantem Volumen, die Verbrennungswärme ist deshalb um ein weniges größer als die Verbrennungswärme bei konstantem Druck. Diese Differenz erreicht jedoch selbst bei dem vollkommensten Gas, dem Wasserstoff, weniger als $^1/_2\%$ und kann für feste und flüssige Stoffe praktisch vernachlässigt werden. Die Verwendung von reinem Sauerstoff an Stelle von Luft bedingt keinen Unterschied in der Wärmetönung.

Die Berechnung der Verbrennungswärme aus der Elementarzusammensetzung eines Brennstoffes kann nach dem Vorhergesagten niemals richtig sein, weil der Einfluß der Bildungswärme sich durch eine Formel nicht erfassen läßt. Bei kleinen Bildungswärmen (z. B. ältere Kohlen) geben Formeln Annäherungswerte, aber auch dann ohne erkennbare Regel für die Größe und das Vorzeichen der Abweichung. Der Ausdruck H — 0/8, z. B. in der Formel von Dulong:

$$\text{Verbrennungswärme} = 81 \cdot C + 340 \left(H - \frac{O}{8}\right) + 22 \cdot S$$

stellt einen rohen Ausgleich dar für die mangelnde Kenntnis der Bildungswärme sauerstoffhaltiger Brennstoffe. Dieser Ausgleich entspricht wohl sinngemäß der großen Bildungswärme dieser Brennstoffe, aber er ist rechnerisch unscharf, weil seine Voraussetzung — restlose Bindung des Sauerstoffs in der OH-Gruppe — gerade für die sauerstoffreichsten Brennstoffe (Holz, Torf, Braunkohle) nur annähernd zutrifft.

4. Die Brennstoffe als Kohlenstoffverbindungen.

Die organische Chemie. Die organische Chemie oder Chemie des Kohlenstoffs lehrt, daß es Kohlenstoffverbindungen in unübersehbarer Zahl und Art gibt, sowohl natürliche als auch künstliche. Der Kohlenstoff hat nämlich — als einziges unter allen chemischen Elementen — die Eigenschaft, daß seine Atome sich untereinander chemisch verbinden in der Weise, daß sich auf einem „Skelett" von Kohlenstoffatomen Verbindungen aufbauen.

Grundlage der Kohlenstoffverbindungen ist die Vierwertigkeit des Kohlenstoffatoms. Die einfachsten und wichtigsten Verbindungen sind die Kohlenwasserstoffe. Andere chemische Elemente, in erster Linie Sauerstoff, können wohl einen wichtigen Bestandteil von Kohlenstoffverbindungen ausmachen, ändern aber nichts an der Tatsache, daß alle Kohlenstoffverbindungen, also auch die brennstoffartigen, sich von einer Kohlenwasserstoffverbindung ableiten lassen. Es muß dabei ausdrücklich bemerkt werden, daß die Affinität des Elementes Kohlenstoff zu dem Element Wasserstoff so gering ist, daß eine direkte Synthese, selbst für das Methan CH_4, aus den Elementen nicht möglich ist. Die Vierwertigkeit des Kohlenstoffatoms ergibt für die normalen Kohlenwasserstoffe eine Gesetzmäßigkeit in der Zusammensetzung entsprechend der Formel C_nH_{2n+2}.

Die Vielfältigkeit der Kohlenwasserstoffe und noch mehr der anderen Kohlenstoffverbindungen ergibt sich aus folgenden 4 Variationsmöglichkeiten:

1. Die Zahl der Kohlenstoffatome, deren annähernder Ausdruck das Molekulargewicht ist.

2. Die gegenseitige Bindung oder räumliche Lagerung der Kohlenstoffatome zueinander, das ist die Konstitution.

3. Der Wert der „inneren" Bindung der Kohlenstoffatome untereinander, das ist der Sättigungsgrad mit Wasserstoff oder anderen Elementen.

4. Eintritt von Sauerstoff in die Kohlenwasserstoffverbindung.

Die an erster Stelle stehende Variationsmöglichkeit durch die Zahl der Kohlenstoffatome ist in Wirklichkeit die geringste. Je größer nämlich das Molekulargewicht (Zahl der C-Atome) ist, um so größer ist die Zahl der Kohlenstoffverbindungen, die bei vollständig gleicher chemischer Formel ganz verschiedene Konstitution und damit Eigenschaften besitzt.

Beispiel: $C_8H_{10} = \begin{cases} C_6H_4(CH_3)_2 = \text{Dimethylbenzol} = \text{Xylol,} \\ C_6H_5(C_2H_5) = \text{Äthylbenzol.} \end{cases}$

Alles, was für die Kohlenstoffverbindungen gilt, ist ohne weiteres auch auf die Brennstoffe zu übertragen. Wichtig sind dabei folgende Gesichtspunkte:

1. Die natürlichen Kohlenstoffverbindungen sind immer aliphatischer Art. Dem entspricht auch die chemische Art der Steinkohlen und des Erdöls. In der Natur besteht fast nie ein Zwang, die ringförmigen, mehr wärmeständigen Benzol-Kohlenwasserstoffe zu bilden. Wo solche entstehen, sind sie sekundärer Art (Benzol im Erdöl). In der Technik aber sind es Produkte, die sich bei der „Wärmeflucht" aus aliphatischen Verbindungen bilden (Bildung von Steinkohlenteer aus aliphatischem Urteer bei der Verkokung).

2. Auch die ältesten Steinkohlen enthalten keinen „freien" Kohlenstoff, sondern sind höchst kohlenstoffreiche und deshalb wärmeunbeständige Verbindungen.

3. Kohlenstoffverbindungen gehen durch Verkokung nie vollständig in reinen Kohlenstoff über. Selbst der best ausgestandene Steinkohlenkoks ist noch eine Stumpfverbindung von Kohlenstoff mit Wasserstoff und Sauerstoff.

Die chemische Zusammensetzung der Brennstoffe wird für technische Zwecke immer in Gewichtsprozenten der 3 Hauptelemente Kohlenstoff, Wasserstoff und Sauerstoff angegeben. Der Kohlenstoff bildet dabei die Hauptmenge (75—90%), bildlich den Kern des Brennstoffes. Der Wasserstoff zeigt gewichtsprozentisch viel geringere Mengenanteile, dafür aber starke und spezifische Schwankungen. Man kann ihn bezeichnen als die „Variante" der Brennstoffe.

Beispielsweise haben Fettkohle und Benzin annähernd denselben Kohlenstoffgehalt (86%), während der Wasserstoff 5 bzw. 14% beträgt.

Die Bedeutung des Sauerstoffs liegt darin, daß er, als größtenteils an Wasserstoff gebunden, diesen noch weiter differenziert in „freien" und „gebundenen" Wasserstoff.

Brennstofftechnisch wichtig, aber vielleicht zuwenig beachtet, ist die Tatsache, daß Kohlenstoff und Wasserstoff, die Bausteine der organischen Welt, die größten Gegensätze darstellen, die zwischen zwei chemischen Elementen überhaupt bekannt sind. Dieser Gegensatz beginnt beim Aggregatzustand und endet bei der Verbrennung. Wie weiter unten ausgeführt, ist der Kohlenstoff das verbrennungsträgste Element, der Wasserstoff dagegen das verbrennungskräftigste. Die Verbrennung einer Kohlenstoffverbindung, der letzen Endes eine Auflösung in die Atome vorausgehen muß, verläuft deshalb nie restlos gleichmäßig, sondern bei fast jeder technischen Verbrennung zum Nachteil des Kohlenstoffs, angefangen bei der Ruß- oder Koksabscheidung als stärkster Auswirkung bis zur leuchtenden Flamme als der schwächsten.

Das Mengenverhältnis der Elemente. In den verschiedenen Mengenverhältnissen der beiden Elemente sind die Eigenschaften und Unterschiede der Brennstoffe begründet, und man kann annäherungsweise sagen, daß die Eigenschaften der Brennstoffe eine Kombination der Eigenschaften von Kohlenstoff und Wasserstoff sind. Ein Brennstoff wird sich z. B., wenn er selbst reich an Wasserstoff ist, in seinen Eigenschaften dem Wasserstoff nähern wie die gasförmigen Kohlenwasserstoffe und in einigem Abstand von ihnen das Benzin. Umgekehrt nähert sich ein kohlenstoffreicher Brennstoff in seinen Eigenschaften dem Kohlenstoff selbst. Beispielsweise verhalten sich Magerkohle und Anthrazit bei der Verbrennung annähernd wie Koks.

Gleichgültig, welches der Aggregatzustand und welches die wirkliche oder unbekannte chemische Art eines Brennstoffes ist, bildet das Verhältnis der Elemente Kohlenstoff und Wasserstoff die Grundlage für jede verbrennungstechnische Erkenntnis. Man kann jeden Brennstoff zum mindesten als eine Summe von Kohlenstoffverbindungen betrachten und gewinnt einen Einblick in seinen Aufbau, wenn man aus der prozentualen Zusammensetzung das Verhältnis der Atome Wasserstoff und Kohlenstoff berechnet.

Bei Kohlenstoff ($C = 12$) ist die Atomzahl = Gewichtsprozente : 12.

Tabelle 12.

Bezeichnung des Brennstoffes	Chemische Zusammensetzung			Freier Wasserstoff %	Chemisches Äquivalentverhältnis H : C/12 (C/12 = 1)
	Kohlenstoff C %	Wasserstoff H %	Sauerstoff O %		
Gasförmige Kohlenwasserstoffe C_nH_{2n+2}	—	—	—	—	$(2n+2):n$
Benzin	85,0	15,0	0,0	15,00	2,12
Leuchtpetroleum	85,0	14,0	1,0	13,88	1,96
Gasöl (für Dieselmotoren)	85,0	13,0	2,0	12,75	1,80
Braunkohlenteeröl (Paraffinöl)	84,0	11,0	5,0	10,38	1,48
Benzol C_6H_6	92,3	7,70	0,0	7,70	1,00
Steinkohlenteeröl	87,0	7,5	5,5	6,81	0,94
Dünnteer (Vertikalofenteer)	88,0	6,5	5,5	5,81	0,79
Naphthalin $C_{10}H_8$	93,8	6,2	0,0	6,20	0,80
Gasflammkohle	85,0	5,5	9,5	4,31	0,61
Fettkohle	88,0	5,0	7,0	4,13	0,56
Junge Steinkohle (Sinterkohle)	79,0	5,5	15,5	3,56	0,54
Braunkohle (lignitische)	65,0	6,0	29,0	2,37	0,44
Torf	56,0	5,8	38,2	1,02	0,21
Anthrazit	94,0	3,0	3,0	2,63	0,34
Koks	96,0	0,5	3,5	0,06	0,00

Die Brennstoffe als Kohlenstoffverbindungen.

Bei Wasserstoff (H = 1) ist die Atomzahl = Prozentzahl, doch darf nur der freie Wasserstoff in Rechnung gesetzt werden, d. h. die Atomzahl ist bei sauerstoffhaltigen Brennstoffen = H − O/8.

Formuliert man das Verhältnis der Atomzahlen

$$\% H : \% \frac{C}{12} = x : 1,$$

so ergeben sich bei graphischer Darstellung für die gleiche Strecke von Kohlenstoff verschieden lange Strecken von Wasserstoff. Das Schulbeispiel dieser Darstellung bildet das Benzol C_6H_6 mit H:C = 1:1.

Die Werte H:C größer als 1 entsprechen durchweg den wärmebeständigen Brennstoffen vom Kohlenwasserstofftyp.

Die Werte H:C kleiner als 0,6 entsprechen den wärmeunbeständigen festen Brennstoffen, das sind die Kohlen.

Chemisch besagt diese Darstellung, daß eine vollständige Bindung von Kohlenstoff und Wasserstoff und damit eine vollständige Gasbildung im allgemeinen einem Verhältnis H:C=2:1 entspricht, aber bei den Benzolverbindungen heruntergehen kann bis 0,8 und weniger (Naphthalin und Anthrazen). Im allgemeinen liegt die praktische Grenze somit erheblich über 1:1. Die Größe des Wasserstoffbalkens zeigt deshalb, ob der Brennstoff schnell und vollständig, bei niederer oder höherer Temperatur den gasförmigen Zustand annehmen kann. Gleichzeitig ist der Wasserstoffbalken ein Abbild für die Länge und Intensität der Flamme.

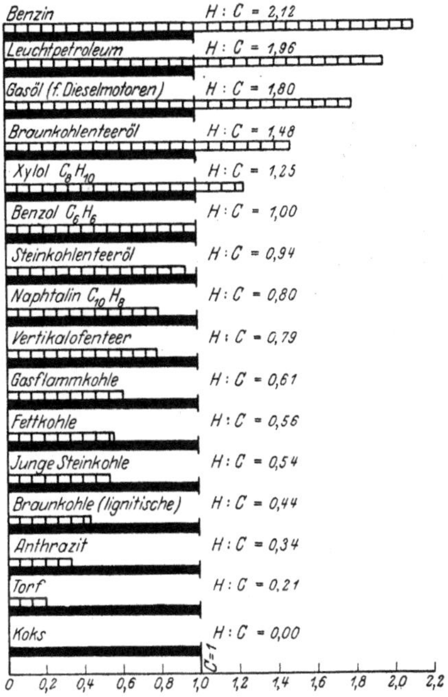

Bei den wärmeunbeständigen Brennstoffen mit H:C kleiner als 0,6 ist eine vollkommene Bindung von Kohlenstoff an Wasserstoff

Abb. 2. Chemisches Äquivalentverhältnis von Wasserstoff zu Kohlenstoff.

$H : \frac{C}{12} = x : 1$ = Verhältnis der Atomzahlen

H = Gewicht % freier Wasserstoff.
C = Gewicht % Kohlenstoff.

Benzin — H:C = 2,12
Leuchtpetroleum — H:C = 1,96
Gasöl (f. Dieselmotoren) — H:C = 1,80
Braunkohlenteeröl — H:C = 1,48
Xylol C_8H_{10} — H:C = 1,25
Benzol C_6H_6 — H:C = 1,00
Steinkohlenteeröl — H:C = 0,94
Naphtalin $C_{10}H_8$ — H:C = 0,80
Vertikalofenteer — H:C = 0,79
Gasflammkohle — H:C = 0,61
Fettkohle — H:C = 0,56
Junge Steinkohle — H:C = 0,54
Braunkohle (lignitische) — H:C = 0,44
Anthrazit — H:C = 0,34
Torf — H:C = 0,21
Koks — H:C = 0,00

theoretisch nicht denkbar. Sie müssen sich deshalb beim Erwärmen zersetzen in einen kleinen, vollkommen gasförmigen Teil, der mit Flamme verbrennt, und einen größeren Teil von fixem, d. h. zurückbleibendem Kohlenstoff.

Wenn man von den ganz leichten Kohlenwasserstoffen Methan und Äthan absieht, so sind in der Reihe der Brennstoffe insgesamt Koks und Benzin die gegensätzlichsten und ihre Eigenschaften nahezu ebenso gegensätzlich wie Kohlenstoff und Wasserstoff. Man kann deshalb Koks mit Benzin tränken und das Benzin abbrennen lassen, ohne daß der Koks überhaupt an der Verbrennung teilnimmt.

Das Verhältnis Wasserstoff zu Kohlenstoff tritt natürlich besonders deutlich hervor bei der rein chemischen Systematik der Brennstoffe, wie in den nachfolgenden Abschnitten dargelegt ist. Es ergibt sich aber daraus auch die Notwendigkeit, jede Betrachtung der Brennstoffe zu beginnen mit einer Betrachtung der Aufbauelemente Kohlenstoff, Wasserstoff und Sauerstoff.

Die chemischen Elemente.

5. Der Wasserstoff.

Eigenschaften und Bildungsweisen. Der Wasserstoff ist das vollkommenste aller Gase.

Kritische Temperatur = $-241°$ ($+32°$ in absoluter Temperatur).

Kritischer Druck = 15 at.

Natürliches Vorkommen: Freier Wasserstoff kommt in vulkanischen Gasen vor, vereinzelt und in geringem Betrag auch im Naturgas.

Von den Wasserstoffverbindungen ist die wichtigste und verbreitetste das Wasser H_2O, die Menge gebundenen Wasserstoffs in der organischen Welt tritt dagegen vollständig zurück.

Technisches Vorkommen:

Freier Wasserstoff ist enthalten:

a) Als spezifischer Bestandteil in allen Entgasungsprodukten (fette Gase). Menge nimmt zu mit der Endtemperatur der Entgasung. Entgasung bei niederer Endtemperatur ergibt deshalb nur wenig oder gar keinen freien Wasserstoff im Gas (Schwelgas, Urgas).

b) Als Hauptbestandteil in allen Vergasungsprodukten (Generatorgase), da die Vergasung von Kohlenstoff mehr oder weniger immer eine Wassergasbildung ist.

Gebundener Wasserstoff ist in allen Brennstoffen enthalten, auch der Koks enthält noch Reste.

Von den Bildungsweisen sind technisch wichtig nur die Dissoziation des Wassers in Sauerstoff und Wasserstoff:

a) Die Dissoziation unter dem Einfluß hoher Temperaturen, d. h. ohne erkennbare Einwirkung eines anderen (reduzierenden) Elementes.

b) Die Dissoziation unter dem Einfluß von Temperatur [in diesem Falle immer niedriger als bei a)] und eines reduzierenden Elementes. Wichtigster Fall: Dissoziation des Wasserdampfes durch glühenden Kohlenstoff = Bildung von Wassergas.

Chemischer Charakter: Als das vollkommenste Gas ist der Wasserstoff das ausgezeichnete Element bzw. Gas für katalytische

Reaktionen. Ohne katalytische Einflüsse — zu denen aber im einfachsten Fall schon Belichtung gehört — sind die Reaktionsgeschwindigkeiten des Wasserstoffs — auch die seiner Verbrennung — $= 0$. Wenn keine erkennbaren katalytischen Einflüsse vorhanden sind, wird in einem Gemisch von Wasserstoff und Luft von Atmosphärendruck die Reaktionsgeschwindigkeit der Vereinigung schon bei 400° meßbar, führt aber erst bei 590° zur Selbstentzündung.

Als Katalysatoren, welche die Geschwindigkeit der Reaktion beschleunigen und dadurch die Selbstzündtemperatur erniedrigen, wirken grundsätzlich alle festen Stoffe, so daß die wahre Selbstzündtemperatur des Wasserstoffs überhaupt nicht genau ermittelt werden kann. Besonders wirksam sind Metalle, unter diesen wieder am stärksten die Platinmetalle. Palladium z. B., in feinst verteilter Form, bewirkt schon bei 150° die Vereinigung von Wasserstoff und Sauerstoff.

Im Wasserstoff-Luft-Gemisch von Normaldruck pflanzt sich die Zündung mit einer Geschwindigkeit von 12 m/sec fort. Sie erzeugt in den weitaus meisten Fällen eine Druckwelle, welche sich in einer Explosionswelle auswirkt. Durch den Druck wird die Zündgeschwindigkeit außerordentlich stark beschleunigt und kann einen Maximalwert von 2800 m/sec erreichen.

Die den verschiedenen Drücken entsprechenden Zündgeschwindigkeiten des Wasserstoffs sind Maximalwerte, die von keinem anderen brennbaren Gas erreicht werden. Dies ist mitbegründet in der Wärmeleitfähigkeit des Wasserstoffs, die, wenn man Luft $= 1$ setzt, den Maximalwert 7,3 erreicht (Methan $= 1,3$).

Bei einem theoretischen Verhältnis

$$\text{Wasserstoff : Luft} = 1 : 2,5$$

liegt die untere Explosionsgrenze bei 10% Wasserstoff, die obere bei 66,5 Volumprozent, also ein Explosionsbereich von rund 50 Volumprozent, der in dieser Höhe nur vom Kohlenoxyd erreicht wird.

Verbrennung. Die Verbrennung des Wasserstoffs erfolgt mit farbloser, richtiger blauer Flamme, kann aber in allen Mischungsverhältnissen mit Luft vorzüglich katalytisch, d. h. flammenlos erfolgen. Die Wärmeentwicklung[1]) beträgt, bezogen auf flüssiges Verbrennungsprodukt von 0°:

$$1 \text{ Mol } H_2 + O \rightleftarrows H_2O + 67{,}89 \text{ kcal,}$$
$$1 \text{ kg } H_2 + 8 \text{ kg } O \rightleftarrows 9 \text{ kg } H_2O + 33\,948 \text{ kcal,}$$
$$1 \text{ cbm } H_2 + 0{,}5 \text{ cbm } O_2 \rightleftarrows 0{,}8084 \text{ kg } H_2O + 3047 \text{ kcal,}$$

---

[1]) Bezogen auf Atomgewicht H $= 1{,}0000$.

Nimmt man die genauen Atomgewichte
$O_1 = 16{,}0000$ und $H_1 = 1{,}0077$.
und bezieht sie auf das Sauerstoffatom O_1, so ergibt die Verbrennung von Sauerstoff in Wasserstoff = 68,4 kcal eine bemerkenswerte Annäherung an die Verbrennungswärme von Sauerstoff in Kohlenoxyd = 68,2 kcal (vgl. S. 54), so daß die Verbrennung von Sauerstoff in den beiden elementarsten Brennstoffen, Wasserstoff und Kohlenoxyd, eine praktisch vollkommene Übereinstimmung der Wärmetönung zeigt.

Die Verbrennung des Wasserstoffs ist (ebenso wie die Verbrennung des Kohlenoxyds) eine umkehrbare Reaktion. Die Dissoziation des Wasserstoffs nimmt mit der Temperatur zu, mit dem Druck ab. Bei gewöhnlichem Luftdruck wird sie von 1800° aufwärts merklich.

Tabelle 13. Dissoziation des Wasserdampfes in Gewichts-Prozenten[1]).

Bei einer absoluten Temperatur von:	Bei einem Druck in at von		
	10	1	0,1
1000°	$1{,}2 \cdot 10^{-5}$	$2{,}58 \cdot 10^{-5}$	$5{,}6 \cdot 10^{-5}$
1500°	0,00935	0,0202	0,043
2000°	0,27	0,582	1,25
2500°	1,98	4,21	8,84

Die molekulare Verbrennungswärme des Wasserstoffs wird als Reaktionswärme nur übertroffen durch die Wärmetönung bei der Vereinigung von Wasserstoff mit Fluor und nahezu erreicht von der Wärmetönung bei der Vereinigung von Wasserstoff und Chlor. Beide Reaktionen zeigen, ebenso wie die Vereinigung mit Sauerstoff, in vollkommenster Weise die Form einer Verbrennung (Flamme), so daß die Verbrennung in Sauerstoff für den Wasserstoff durchaus keinen besonderen Fall darstellt.

1 Mol $H_2 + F_2 = H_2F_2 + 77{,}0$ kcal,
1 Mol $H_2 + O_1 \rightleftarrows H_2O + 68{,}4$ kcal,
1 Mol $H_2 + Cl_2 \rightleftarrows 2\,HCl + 44{,}0$ kcal.

Die Bedeutung und das Verhalten des Wasserstoffs in den Brennstoffen ergibt sich aus der Betrachtung der Wasserstoffverbindungen im allgemeinen.

Wasserstoff bildet mit fast allen nicht metallischen Elementen Verbindungen, die bei normaler Zusammensetzung durchweg gasförmig sind, auch dann, wenn das Element selbst fest oder

___
[1]) Nach Nernst und v. Wartenberg: Z. phys. Chem. 1912.

flüssig ist. Die bekanntesten Beispiele dafür sind: Schwefelwasserstoff H_2S, Phosphorwasserstoff PH_3, Siliciumwasserstoff SiH_4, Borwasserstoff BH_3, Bromwasserstoff BrH. Man kann sich das so erklären, das der Wasserstoff als das vollkommenste Gas den gasförmigen Zustand auf andere Elemente überträgt, indem er sich mit ihnen verbindet. Diese Eigenschaft des Wasserstoffs tritt am stärksten hervor und hat technisch die größte Bedeutung bei den Verbindungen mit Kohlenstoff, das sind die Kohlenwasserstoffe.

Wenn wir die Brennstoffe ganz allgemein auffasssen als Kohlenstoffverbindungen hochmolekularer Art und die Verbrennung als eine rein gasförmige Reaktion, so sind nur 2 Arten gasförmiger Verbindungen möglich, mittels derer der Kohlenstoff verbrannt werden kann: Kohlenoxyd und Kohlenwasserstoff. Während aber das Kohlenoxyd ganz eindeutig aus elementar abgeschiedenem Kohlenstoff durch die Wassergasreaktion entsteht, sind die Kohlenwasserstoffe nach Art und Entstehung außerordentlich vielfältig. Man mag einen Brennstoff betrachten als eine Mischung von Kohlenstoffverbindungen irgendwelcher Art, immer sind es die aus ihm entstehenden Kohlenwasserstoffe, welche der Verbrennung und damit rückwirkend den Brennstoffen selbst den Charakter geben. Der Wasserstoff „trägt" den Kohlenstoff und erhält ihn auf solche Weise in reaktionsfähiger Form bis zum Einsetzen der Verbrennung. Die Verbrennung selbst dagegen läßt immer wieder den Gegensatz zwischen Wasserstoff und Kohlenstoff erkennen.

Wenn wir den Kohlenstoff bezeichnen können als den Kern aller Brennstoffe, so ist der Wasserstoff das gasbildende, belebende Element und seine stärkste und charakteristischste Äußerung die Flammenbildung.

6. Der Kohlenstoff.

Die Erkenntnis der Verbrennung ist die Erkenntnis des Kohlenstoffes, und keine von beiden ist ohne die andere denkbar. Der Kohlenstoff nimmt unter den chemischen Elementen eine ganz einzigartige Stellung ein und seine Eigenart zeigt sich nicht nur bei der Verbrennung, sondern auch in allen anderen Grundeigenschaften. Die Kenntnis der letzteren ist unbedingt nötig, um die Verbrennungseigenschaften zu verstehen.

Die allgemeinen Eigenschaften. Der chemisch reine Kohlenstoff — Diamant — ist ein fester, farbloser Stoff von ausgeprägter Kristallstruktur (regulär), der weder geschmolzen noch verdampft werden kann. Dichte = 3,0 bis 3,5, Verbrennungswärme = 7860 kcal/kg.

Die Bildungsweise des Diamants ist nicht genau bekannt. Anzunehmen ist eine Verdichtung des „wahren" Kohlenstoffes unter sehr hohem Druck. In keinem Fall ist der Diamant durch Vorgänge entstanden, die der Verkokung irgendwie ähnlich sind.

Dieser chemisch reine Kohlenstoff unterscheidet sich nach Bildungsweise und Eigenschaften von den uns bekannten Formen des „schwarzen" Kohlenstoffes, die immer durch Verkokung „entstehen".

1. Das natürliche Produkt, der Graphit. Er ist durch geothermische Einwirkung auf kohlenartige Produkte in der Natur entstanden und hat alle Anzeichen solcher Einwirkungen: Vorkommen in den ältesten Gesteinen, mikrokristalline Struktur, metallisch schwarz und dicht. Spezifisches Gewicht 1,8 bis 2,3, Verbrennungswärme 7900 kcal/kg.

2. Das künstliche Produkt, der sog. „amorphe" Kohlenstoff. Er entsteht bei allen Verkohlungsprozessen, annähernd vollkommen aber nur bei der Zechenkokerei. Er ist schwarz bis metallisch grau, Kristallform nicht erkennbar, völlig amorpher Zustand ist aber unwahrscheinlich. Spezifisches Gewicht 1,0 bis 1,8, Verbrennungswärme 8040 kcal/kg.

Natürliches Vorkommen: Elementarer Kohlenstoff in Form von Diamanten und Graphit sind mengenmäßig nicht von Bedeutung.

Von den Kohlenstoffverbindungen ist mengenmäßig von Bedeutung nur die Kohlensäure, vorzüglich als Bestandteil der Luft und in Form ihrer Salze, der Karbonate, die an dem Aufbau der festen Erdrinde (Gebirgsstöcke) hervorragend beteiligt sind[1]).

Die Kohlenstoffverbindungen der organischen Welt dagegen treten mengenmäßig sehr stark zurück, weil die organische „Decke" der Erdoberfläche im Verhältnis zum Radius der Erde nur eine verschwindend kleine Mächtigkeit hat.

Nach den Versuchen von Lummer wird beim amorphen Kohlenstoff im elektrischen Lichtbogen und unter erhöhtem Druck ein Schmelzen — richtiger ein Anschmelzen — bei etwa 3900° beobachtet. Auch Sublimation ist beobachtet worden, dagegen ist eine Isolierung des Kohlenstoffdampfes nicht möglich.

Es gibt kein Lösungsmittel für den Kohlenstoff. Die geringe Löslichkeit in geschmolzenem Eisen ist von der Bildung von Karbiden nicht zu trennen.

---

[1]) Nach Le Chatelier enthält die gesamte Erdatmosphäre 800 Milliarden Tonnen Kohlenstoff (0,6 g Kohlensäure pro Kubikmeter Luft); der in der Erdkruste enthaltene Kohlenstoff (im Kalkstein) beträgt etwa das Zweihunderttausendfache hiervon.

Die Atomwärme des Kohlenstoffes (Produkt aus Atomgewicht und spez. Wärme) ergibt 2 bis 2,8 cal., abweichend von dem Wert 6,4 für die weitaus meisten chemischen Elemente.

In kaltem Zustand zeigt der Kohlenstoff keinerlei Reaktionsfähigkeit zu anderen Elementen, auch nicht zum Fluor. Die Reaktionsfähigkeit beginnt erst bei Temperaturen, die mit dem Glutzustand verbunden sind.

Der Kohlenstoff bildet kein Molekül gewöhnlicher Art — bestehend aus 2 Atomen —, sondern sein Molekül ist aufzufassen als ein sehr großer Atomkomplex. Ebenso wie in den Kohlenstoffverbindungen sind auch in dem Kohlenstoffmolekül die einzelnen Atome chemisch untereinander verbunden. Die Differenzen in der Verbrennungswärme von Graphit, Diamant und amorphem Kohlenstoff lassen erkennen, daß das Kohlenstoffmolekül eine Bildungswärme besitzt. Behandelt man den Kohlenstoff, z. B. den Graphit, mit starken nassen Oxydationsmitteln, so entsteht keine Kohlensäure, sondern hochmolekulare Verbindungen, wie Graphitsäure, Mellithsäure $C_6(CO_2H)_6$ usw. Der Atomkomplex wird also nicht vollständig aufgelöst, sondern nur „gesprengt".

Der „wahre" Kohlenstoff. Zwischen den uns bekannten Formen des elementaren Kohlenstoffes und dem chemischen Verhalten des Elementes besteht ein vollkommener Widerspruch, der sowohl aus den Kohlenstoffverbindungen wie aus den Reaktionen des Elementes zu erkennen ist.

Die Kohlenstoffverbindungen zeigen Kohlenstoffskelette von großer Atomzahl und trotzdem alle Kennzeichen molekularer Beweglichkeit, wie Schmelzen, Destillieren usw. Besonders das Benzol und die kombinierten Benzolringe der Naphthalin- und Anthrazenreihe bieten hierfür treffende Beispiele. Hoffmann[1]) kennzeichnet die Größe dieses Problems, hinweisend auf die Bedeutung des Kohlenstoffes und der organischen Welt, wörtlich:

„Wie sollen wir bei den üblen Charaktereigenschaften des festen Kohlenstoffes das Verständnis dafür aufbringen, daß die Natur, diese kluge Haushälterin, sich gerade diesen stupiden, plumpen Gesellen aus der großen Musterkarte der Elemente als den Träger des Lebens, als ihr Lebenselement ausgesucht hat, mit dem sie spielend, wie uns jeder Frühling aufs neue zeigt, ihre höchsten Wunder wirkt?"

Die Eigenschaften des Elementes werden völlig andere mit dem Beginn des Glutzustandes und zeigen sich in einer starken Reaktionsfähigkeit nicht allein gegenüber Sauerstoff, sondern auch gegenüber anderen Elementen, wie z. B. Chlor und Schwefel und gegenüber einfachen Verbindungen, wie Wasserdampf,

---

[1]) Mitt. schlesisch. Kohlenforschungsinstituts Bd. I. 1922.

Kohlensäure, schweflige Säure, Schwefelwasserstoff usw. Der Glutzustand an und für sich bedeutet noch keine Auflösung des Kohlenstoffmoleküls, wie jede Kohlenfadenlampe beweist. Erst im Gleichgewicht des glühenden Kohlenstoffes mit anderen Elementen oder Verbindungen tritt eine solche Auflösung ein, wobei der Kohlenstoff eine aufspaltende Wirkung auf die Moleküle des anderen Elementes bzw. der Verbindungen ausübt.

Das „wahre" aktive Kohlenstoffatom, welches dabei losgelöst wird, um unmittelbar in eine Kohlenstoffverbindung einzutreten, haben wir uns als gasförmig und als sehr reaktionsfähig vorzustellen. Diese Betrachtung des Kohlenstoffes zeigt im übrigen, daß das Wesen des Glutzustandes, der für die Verbrennung eine so große Rolle spielt, noch weniger bekannt ist als das Wesen des Kohlenstoffes. Insbesondere ist der Zusammenhang zwischen Glutzustand und Strahlungserscheinung nicht geklärt.

Tabelle 14.

	Gruppe III	Gruppe IV	Gruppe V
Erste Periode	Bor $B = 11$	Kohlenstoff $C = 12$	Stickstoff $N = 14$
Zweite Periode	(Aluminium)	Silizium $Si = 28$	(Phosphor)

Das periodische System der chemischen Elemente ergibt bekanntlich Ähnlichkeitsbeziehungen zwischen den benachbarten Elementen, besonders in den senkrechten Reihen (Gruppen). Man hat daraus für den Kohlenstoff vorzüglich eine Ähnlichkeit mit dem Silizium konstruiert. Eine wirkliche Ähnlichkeit besteht aber nur in bezug auf die Vierwertigkeit beider Elemente. Das periodische System der Elemente gibt indessen gute Aufschlüsse über das Wesen des Kohlenstoffes, wenn man dieses Element mit allen seinen Nachbarn, also auch mit dem Bor und dem Stickstoff vergleicht, weil auch in den wagrechten Reihen (Perioden) Beziehungen bestehen.

Bor und Silizium zeigen beide sehr hohe Schmelzpunkte (Bor 2500°, Silizium = 1450°), die vom Kohlenstoff als praktisch unschmelzbar noch übertroffen werden. Ein scharfer Gegensatz dagegen besteht zu dem gasförmigen Stickstoff. In Wirklichkeit besteht aber auch ein Gegensatz zu Bor und Silizium; denn der Kohlenstoff teilt mit diesen beiden Elementen nur den festen Aggregatzustand, nicht aber die Reaktionsfähigkeit schon in der Kälte.

Bor und Silizium verbrennen beide sehr lebhaft und ohne Zwischenstufe zu den normalen Oxyden Bortrioxyd B_2O_3 und

Siliziumdioxyd SiO_2. Dieselben Oxyde können leicht durch nasse Oxydation der Elemente erhalten werden. Beim Kohlenstoff findet keine unmittelbare Verbrennung zu Kohlendioxyd CO_2 statt, und ebenso ist nasse Oxydation unmöglich. Der Kohlenstoff hat darin sehr viel Ähnlichkeit mit dem Stickstoff, der sich gegen Verbrennung und nasse Oxydation passiv verhält. Die Oxyde der festen Elemente, Bor und Silizium, sind ebenfalls feste Stoffe und außerordentlich wärmebeständig. Sie sind bei hohen Temperaturen die stärksten Säuren überhaupt (Bedeutung der Silikate im Mineralreich). Von dem normalen Oxyd des Kohlenstoffes, der Kohlensäure, wäre deshalb auch der feste Aggregatzustand zu erwarten. Der gasförmige Zustand der Kohlensäure dagegen läßt sich nur aus der wahren Natur des Kohlenstoffes erklären und zeigt wiederum mehr Beziehungen zum Stickstoff als zu Bor und Silizium.

Der bedeutendste Unterschied aber gegenüber Bor und Silizium und gleichzeitig wiederum eine Ähnlichkeit mit dem Stickstoff ist durch die Existenz des Kohlenmonoxyds oder kurz Kohlenoxyds CO gegeben. Das Kohlenoxyd, von dem weiter unten noch die Rede sein soll, ist eine ganz einzigartig dastehende Sauerstoffverbindung, wie sie überhaupt kein anderes Element aufweist.

Normale Wasserstoffverbindungen sind von allen 4 Elementen bekannt, vom Silizium vereinzelt auch mehratomige. Borwassserstoff BH_3 und Siliziumwasserstoff SiH_4 sind aber unbeständig und sehr leicht brennbar. Die normalen Wasserstoffverbindungen des Kohlenstoffes, das Methan CH_4, und des Stickstoffes, das Ammoniak NH_3, sind beide sehr beständig. In der Brennbarkeit besteht zwischen Methan und Ammoniak äußerlich ein Unterschied, der sich aber dadurch erklärt, daß der Wasserstoff in Ammoniak an Stickstoff gebunden ist, der bei der Verbrennung vollständig passiv bleibt. Im Methan dagegen ist der Wasserstoff an das „wahre" aktive Kohlenstoffatom gebunden. Wenn über das Methan hinaus mehratomige Kohlenwasserstoffe in unübersehbarer Anzahl bestehen, und zwar in allen Aggregatzuständen, aber stets wärmebeständig, so ist dies das beste Kennzeichen für die wahre Natur des Kohlenstoffes. Hier scheidet jeder Vergleich mit Bor und Silizium aus.

Für die verbrennungstechnische Erkenntnis am wichtigsten sind aber jene Verbindungen, die der Kohlenstoff selbst mit seinem Nachbarelement eingeht:

1. die Karbide des Bors B_4C_3 und des Siliziums SiC,
2. das Karbid des Stickstoffes, das ist Zyan CN.

Bor- und Siliziumkarbid, auch wenn ihre Zusammensetzung von den normalen Karbiden abweicht, nähern sich in ihrer Eigenschaft dem Diamant: sie sind sehr hart und sehr schwer verbrennlich (vergleiche das technische Siliziumkarbid, Karborund genannt). Wenn man berücksichtigt, daß die Elemente Bor und Silizium beide leicht verbrennen, so ist es auffallend, daß die Verbindungen beider mit dem „brennbaren" Kohlenstoff ungleich schwerer verbrennlich sind als die Elemente. Die Erklärung liegt darin, daß der feste Kohlenstoff Bor und Silizium in den Verband seines großen verbrennungsträgen Moleküls aufnimmt und damit die Verbrennungsaktivität der beiden Elemente aufhebt.

Die Betrachtung dieser Karbide einerseits und die nachfolgende des Cyans andererseits, in der der „wahre" Kohlenstoff am deutlichsten in die Erscheinung tritt, führt uns zu einer wichtigen Schlußfolgerung für den festen Kohlenstoff selbst: wir können ihn auffassen als die Agglomerierung oder, bildlich gesprochen, als das „Karbid" des „wahren" Kohlenstoffes.

Die Natur des „wahren" Kohlenstoffes zeigt sich in keiner Kohlenstoffverbindung so deutlich, wie im Zyan und den Zyanverbindungen. Das Zyan CN, im isolierten Zustand von der Formel $(CN)_2$, ist für die technische Verbrennung von keiner praktischen Bedeutung, aber von um so größerer für die Erkenntnis der Verbrennung. Das Zyan ist ein Gas, aber dieser Aggregatzustand ist ebensowenig zu erwarten wie bei der Kohlensäure. Daß er trotzdem vorhanden ist, ist einer der deutlichsten Beweise für die „wahre" Natur des Kohlenstoffatoms.

Die Beständigkeit des Atomkomplexes Zyan in typischen Verbindungen und weiterhin seine chemischen und Verbrennungsbeziehungen zum Kohlenoxyd kennzeichnen Zyan und Kohlenoxyd als diejenigen einfachen Verbindungen, die für die Erkenntnis des „wahren" Kohlenstoffatoms die wichtigsten sind. Das Zyan ist die einzige einfache und gasförmige Kohlenstoffverbindung, die uns gestattet, die Verbrennungseigenschaften des „wahren" Kohlenstoffes zu erkennen, weil das mit dem Kohlenstoff verbundene Element (Stickstoff) an der Verbrennung gar nicht teilnimmt. Für die Verbrennung des Zyans ergeben sich nun die folgenden wichtigen Tatsachen:

1. Das Zyan verbrennt mit Flamme. In der Flamme ist eine innere rote Zone und eine schmale blaue äußere Zone zu erkennen.

2. In der inneren Zone entsteht nur Kohlenoxyd. Die äußere blaue Zone ist die gewöhnliche blaue Flamme des zu Kohlensäure verbrennenden Kohlenoxyds.

3. Verbrennt man völlig trockenes Zyan mit vollständig trockener Luft, so verschwindet die äußere Zone der Flamme, und es entsteht ausschließlich Kohlenoxyd.

Die primäre Verbrennungsgleichung des Zyans (Bildungswärme $= -71,5$ kcal) lautet:

$$(CN)_2 + O_2 = 2 CO + N_2 + 124 \text{ kcal.}$$

Diese Gleichung stellt in reinster Form die Verbrennung des wahren Kohlenstoffatoms dar. Der Stickstoff kann dabei nur als der „Träger" des Kohlenstoffatoms gelten.

Ein Gegenstück zum Zyan ist die normale Schwefelverbindung des Kohlenstoffes, der Schwefelkohlenstoff CS_2. Diese Verbindung ist nicht nur flüssig, sondern schon mehr ein unvollkommenes Gas (Siedepunkt 53°), obgleich sie aus den 2 festen Elementen Kohlenstoff und Schwefel aufgebaut ist.

Schwefelkohlenstoff ist auch besonders leicht entzündlich und leicht brennbar. Alle diese Eigenschaften sind erklärlich, wenn man den „wahren" Kohlenstoff als gasförmig annimmt.

Die Verbrennung des Kohlenstoffs. 1. Bedeutung des Problems: Die Verbrennung des elementaren Kohlenstoffes ist das meistumstrittene Problem der Verbrennungstheorie. Es stehen sich hier zwei Annahmen gegenüber:

1. Der Kohlenstoff verbindet sich mit Sauerstoff unmittelbar nur zu Kohlenoxyd. Diese Annahme, vom Verfasser vertreten, sei im nachfolgenden „Primär"theorie genannt. Die Primärtheorie ist keineswegs neu, sondern schon früher ausgesprochen und vertreten worden, hauptsächlich von Baker, Dixon, Lang, Rhead, Wheeler u. a.

2. Der Kohlenstoff „verbrennt" unmittelbar zu Kohlensäure. Diese Annahme, im nachfolgenden „Reduktions"theorie genannt, stützt sich hauptsächlich auf die Vorgänge bei der Vergasung (Generatoren). Diese Theorie erklärt das Auftreten von Kohlenoxyd durch Reduktion von primär gebildeter Kohlensäure.

Die Thermodynamik läßt beide Annahmen zu, und dieses ist auch der Grund, warum die Technik dieser Streitfrage bisher fast nur theoretisches Interesse beimißt. Anders verhält es sich aber, wenn man den Mechanismus des Vorganges betrachtet. Auf diesen kommt es sehr wesentlich an; denn jede Reaktion des Kohlenstoffes wird weitgehend von der Größe und Beschaffenheit seiner Oberfläche beeinflußt. Das einfachste Beispiel dafür ist jede Koksfeuerung. Die Erkenntnis der Verbrennungsvorgänge wird daher nicht so sehr quantitativ (rechnend und messend), als vielmehr qualitativ (Art des Vorganges) von den beiden Theorien berührt.

Die kritische Betrachtung des ganzen Problems hat mit der vergleichsweisen Betrachtung von Kohlenoxyd und Kohlensäure zu beginnen.

2. **Kohlenoxyd und Kohlensäure:** Das Kohlenstoffdioxyd CO_2, technisch als Kohlensäure oder Kohlendioxyd bezeichnet, gilt als die „normale" und „gesättigte" Sauerstoffverbindung und als das Produkt der vollständigen Verbrennung.

Das Kohlenstoffmonoxyd CO, technisch als Kohlenmonoxyd oder kurz Kohlenoxyd bezeichnet, ist die einzig bekannte Ausnahme von der Vierwertigkeit des Kohlenstoffes. Es gilt deshalb als „anormale", „ungesättigte" und „unbeständige" Sauerstoffverbindung und als das Produkt der „unvollständigen" Verbrennung von Kohlenstoff. Das Kohlenmonoxyd ist als Gas (kritische Temperatur 141°, kritischer Druck 36 at) vollkommener als die Kohlensäure (kritische Temperatur 35°, kritischer Druck 77 at). Schon allgemeine chemische Betrachtungen zeigen, daß die Ansichten über das Kohlenoxyd nicht richtig sind. Für eine ungesättigte und beständige Verbindung fehlt dem Kohlenoxyd vor allem das leichte Additionsvermögen. Kohlenoxyd ist gegen nasse Oxydation sehr beständig. Verbrennungstechnisch aber läßt sich erkennen, daß die Bildungsweisen und die Beständigkeit des Kohlenoxyds vorzugsweise im Bereich hoher und höchster Temperaturen liegen.

Bei der Kohlensäure liegen die Verhältnisse verbrennungstechnisch gerade umgekehrt. Allein schon die Tatsache, daß bei hohen Temperaturen Kohlensäure unter Bildung von Kohlenoxyd dissoziiert, beweist, daß die Bildung und Beständigkeit von Kohlensäure und Kohlenoxyd nur relativ zur Temperatur betrachtet werden können.

Tabelle 15. Dissoziation der Kohlensäure in Gewichtsprozenten[1]).

Bei einer absoluten Temperatur von	Bei einem Druck in at von		
	10	1	0,1
1000°	$11,4 \cdot 10^{-6}$	$2,47 \cdot 10^{-5}$	$5,31 \cdot 10^{-5}$
1500°	0,0224	0,0483	0,104
2000°	0,96	2,05	4,35
2500°	8,63	17,6	33,5

Betrachtet man die verbrennungstechnisch wichtigen Bildungsweisen der beiden Oxyde des Kohlenstoffes, so zeigt sich, daß alle Bildungsweisen der Kohlensäure, insbesondere durch

---

[1]) Nach Nernst und v. Wartenberg: Z. phys. Chem. 1912.

trockne oder nasse Verbrennungen von Kohlenoxyd umkehrbar sind, und zwar zunehmend mit der Temperatur. Dagegen sind die Bildungsweisen des Kohlenoxyds aus dem Element selbst sowohl bei der trockenen wie bei der nassen Bildung nicht umkehrbar. Daraus ergibt sich nun für die Bestätigung der Primärtheorie folgende Schlußfolgerung:

Die bei der Bildung von Kohlenoxyd und Kohlensäure auftretenden Wärmetönungen sind unabhängig von der Temperatur. Hohe Temperaturen verschieben das Gleichgewicht Kohlensäure-Kohlenoxyd bekanntlich zugunsten des Kohlenoxyds. Die Bedeutung der Temperatur liegt darin, daß sie das Maß ist für den Wärmeinhalt des glühenden Kohlenstoffes. Die Temperatur beeinflußt also die Bildung von Kohlenoxyd rein mengenmäßig oder, was das gleiche ist: sie beeinflußt die Geschwindigkeit der Reaktion.

Es ergibt sich nun für die denkbar höchsten Temperaturen, daß wegen der Dissoziation der Kohlensäure überhaupt nur primäre Bildung von Kohlenoxyd möglich ist. In diesem Falle ist die primäre Bildung und ausschließliche Bildung von Kohlenoxyd ganz unabhängig von der Luftmenge bzw. dem Luftüberschuß, als dem Begriff, den man immer mit dem der unvollständigen Verbrennung verbindet. Da die Temperatur nur die Geschwindigkeit der Reaktion beeinflußt, aber nicht ihre Art, so kann zwischen dem Verhalten des glühenden Kohlenstoffes kein Unterschied bestehen in bezug auf die Temperaturen. Das heißt, primäre Kohlenoxydbildung findet statt, sobald der Kohlenstoff überhaupt mit Sauerstoff reagiert. Die Bildung von Kohlensäure setzt deshalb immer erst die Bildung von Kohlenoxyd voraus und ist eine richtige Verbrennung: Nicht der Kohlenstoff, sondern immer nur das Kohlenoxyd verbrennt zu Kohlensäure.

Die primäre Bildung von Kohlenoxyd steht auch in Übereinstimmung mit dem Gesetz der Stufenreaktion. Dieses besagt, daß ein Element, welches 2 beständige Oxydationsstufen aufweist, bei der Verbrennung zunächst immer das niedrigere Oxyd bildet. Typisch dafür ist neben dem Kohlenstoff der Schwefel:

$$\text{erste Stufe } S + O_2 = SO_2,$$
$$\text{zweite Stufe } SO_2 + O_1 = SO_3.$$

Schwefel bildet selbst bei der Verbrennung in reinem Sauerstoff zuerst das niedrigere Oxyd, die schweflige Säure SO_2, und dieses addiert — wie die Fabrikation der Schwefelsäure beweist — nur unter katalytischen Einwirkungen weiteren Sauerstoff.

Für die vergleichende Betrachtung von Kohlenoxyd und Kohlensäure ist endlich nicht unwichtig, daß das Kohlenoxyd tatsächlich die einzige Ausnahme bildet von der Vierwertigkeit

Der Kohlenstoff. 39

Tabelle 16.

	Kohlenstoffdioxyd CO_2	Kohlenstoffmonoxyd CO
Technische Bezeichnung	Kohlensäure oder Kohlendioxyd	Kohlenoxyd
Chemischer Charakter	schwach sauer	neutral
Verbrennungs- eigenschaften	keine	Vollständig trockene Mischungen Kohlenoxyd-Luft zünden bzw. explodieren nicht. Verbrennung von Kohlenoxyd bei Abwesenheit von Wasserdampf oder anderen Katalysatoren träg und unvollständig
Technisch wichtige Bildungsweisen	\multicolumn{2}{c}{Umkehrbare}	
Trockene Verbrennung des Kohlenoxyds im Gleichgewicht mit Dissoziation der Kohlensäure	\multicolumn{2}{c}{$CO_2 \leftrightarrows CO + O$}	
Nasse Verbrennung des Kohlenoxyds im Gleichgewicht mit Dissoziation der Kohlensäure durch Wasserstoff.	\multicolumn{2}{c}{$CO_2 + H_2 \leftrightarrows CO + H_2O$}	
Dissoziation der Kohlensäure durch glühenden Kohlenstoff oder Metalle und katalytische Dissoziation des Kohlenoxyds durch Metalle	\multicolumn{2}{c}{$CO_2 + C \rightleftarrows 2\,CO$}	
	\multicolumn{2}{c}{Nicht umkehrbare}	
Primäre, trockene Reaktion des Kohlenstoffs mit Sauerstoff. Primäre, nasse Reaktion des Kohlenstoffs. Typische Verbrennung des wahren Kohlenstoffs in einfacher Verbindung mit einem nicht brennbaren Element.	Alle Bildungsweisen der Kohlensäure sind umkehrbar. Die umstrittene Gleichung $C + O_2 \rightarrow CO_2$, deren Umkehrung nicht bekannt ist, würde eine unerklärliche Ausnahme darstellen	$C + O \rightarrow CO$ $C + H_2O \rightarrow CO + H_2$ $(CN)_2 + O_2 \rightarrow 2\,CO + N_2$

des Kohlenstoffes. Gerade beim Kohlenstoff nämlich ist die chemische Valenz (Vierwertigkeit) in allen Verbindungen scharf ausgeprägt, während sie bei anderen Elementen, insbesondere beim Sauerstoff, nicht als eine starre Zahl aufgefaßt werden darf. Es zeigen sich da vielmehr Variationen, die durch die Art des Elements, durch die Temperatur und andere Einflüsse bedingt sind. Es ist deshalb sehr wohl möglich, für das Kohlenoxyd die Vierwertigkeit des Sauerstoffes anzunehmen, das ist die Formel

$$C \equiv O$$

Das würde für die Kohlensäure eine unsymmetrische Formel

$$C \equiv O = O$$

nahelegen. Vom allgemeinen chemischen Standpunkt aus ist diese Formel der Kohlensäure nicht anzunehmen. Aber die Beziehungen zwischen Kohlensäure und Kohlenoxyd bei der Verbrennung schließen diese Möglichkeit nicht vollkommen aus.

Das Kohlenoxyd ist das Oxyd des Kohlenstoffes und von der höchsten Beständigkeit in bezug auf die Temperatur. Kohlensäure kann sich aus dem Kohlenoxyd durch Verbrennung bilden und geht durch Dissoziation wieder in Kohlenoxyd zurück. Bei Kohlenoxyd ist eine Dissoziation durch den Einfluß der Temperatur überhaupt nicht bekannt. Die Dissoziation des Kohlenoxyds nach der Gleichung

$$2\,CO \rightleftarrows CO_2 \rightleftarrows C + 38{,}8\ \text{kcal,}$$

d. i. die von Lothian entdeckte sog. Hochofenreaktion (Rußabscheidung auf dem Erz in der oberen Zone des Hochofens) erfolgt bei — verbrennungstechnisch — niederen Temperaturen und Gegenwart von katalytisch wirkenden Metallen. Diese Reaktion des Kohlenoxyds kann also **nicht während**, sondern erst **nach** der Verbrennung auftreten.

Es besteht immer ein Zusammenhang einfachster Art zwischen Verbrennung und Temperatur, und unter diesem Gesichtspunkt ist das Kohlenoxyd nicht nur das primäre, sondern auch das bedingungslos beständige Verbrennungsprodukt des Kohlenstoffes. **Kohlensäure kann entstehen und vergehen, das Kohlenoxyd ist das bleibende, das wahre Radikal**[1]) **der Kohlenstoffverbrennung.**

---

[1]) Unter einem „Radikal" versteht man eine einfache Atomgruppe — z. B. Zyan CN oder Kohlenoxyd CO —, welche in gleicher Weise wie ein einfaches Atom reagiert, d. h. als ein **unteilbares Ganzes** an chemischen Gleichgewichtsveränderungen teilnimmt. In diesem Sinne ist die Kohlensäure nicht das Verbrennungsprodukt des Kohlenstoffs, sondern des Radikals CO, und ebenso wird bei der Dissoziation der Kohlensäure wiederum das Radikal CO, nicht aber Kohlenstoff erhalten.

Der Kohlenstoff. 41

Thermodynamik und Mechanismus der Reaktionen.
Tabelle 17.

A mit Sauerstoff bzw. Luft (trockene Vergasung)	Nr.	B mit Wasserdampf (Wassergasgleichung)
$C + O = CO + 29{,}4$ kcal	1	$C + H_2O = CO + H_2 - 28{,}4$ kcal
$CO + O \rightleftarrows CO_2 + 68{,}2$ kcal	2	$CO + H_2O \rightleftarrows CO_2 + H_2 + 10{,}4$ kcal
$C + O_2 = CO_2 + 97{,}6$ kcal	3	$C + 2H_2O = CO_2 + 2H_2 - 18{,}0$ kcal

Verbindungsgleichung zwischen 1 und 2
$$CO_2 + C \rightleftarrows 2\,CO - 38{,}8 \text{ kcal.}$$

Die obige vergleichende Zusammenstellung der Reaktionen von Kohlenstoff und Sauerstoff zeigt:

1. In der senkrechten Gliederung unter A die „trockenen", unter B die „nassen" Reaktionen.
2. In der wagrechten Gliederung übereinstimmend zwischen A und B die Umkehrbarkeit bzw. Nichtumkehrbarkeit der Reaktionen.
3. Die Wärmetönungen bzw. die Differenzen zwischen A 1, A 2, und A 3 bzw. B 1, B 2 und B 3 sind gleich, d. h. alle nassen Reaktionen B unterscheiden sich von den trockenen A immer nur um die Dissoziationswärme des Wasserdampfes = 57,8 kcal/Mol.

Die Gleichungen A 3 und B 3 haben im Sinne der Primärtheorie nur eine rein rechnerische Bedeutung als Summe, d. h. sie stellen keinen wirklichen Vorgang dar.

Die Gleichungen A 1 und A 2 und ebenso B 1 und B 2 ergeben übereinstimmend die Verbindungsgleichung, welche als die stärkste Stütze der Reduktionstheorie gelten kann.

Eine besondere Bedeutung kommt der Gleichung B 1 (primäre Wassergasreaktion) zu, nachdem heute allgemein die katalytische Wirkung des Wasserdampfes bei allen Verbrennungsvorgängen angenommen wird. Diese Annahme besagt, daß eine vollständig trockene Reaktion des Kohlenstoffes überhaupt nicht stattfindet, so daß selbst A 1 nicht unmittelbar, sondern nur mit Hilfe von B 1 verwirklicht wird.

Das thermodynamische Gleichgewicht Kohlenstoff-Kohlenoxyd-Kohlensäure läßt eine Deutung sowohl im Sinne der Primärtheorie wie der Reduktionstheorie zu. Boudouard und alle die ihm nachfolgenden zahlreichen Forscher stellten fest, daß dieses Gleichgewicht mit steigender Temperatur eine Zunahme des Quotienten CO/CO_2 aufweist, so daß bei Temperaturen über 940° ausschließlich Kohlenoxyd entsteht.

Eine entscheidende Antwort ist indessen von diesem Gleichgewicht gar nicht zu erwarten, weil es wohl die Thermodynamik, nicht aber den Mechanismus der Reaktion zum Ausdruck bringt. Wie wichtig aber der Mechanismus ist, geht schon daraus hervor, daß die Beschreibung aller dieser Versuche immer mit der Beschreibung der Art des Kohlenstoffes (z. B. Steinkohlenkoks oder Holzkohle) beginnt. Dies besagt, daß der Mechanismus im einfachsten Falle abhängig ist von der Größe und Beschaffenheit der Kohlenstoffoberfläche. Während man sich bei der Größe der Oberfläche eine Messung immer vorstellen kann, ist dies bei der Beschaffenheit noch nicht möglich, wie wiederum der Ver-

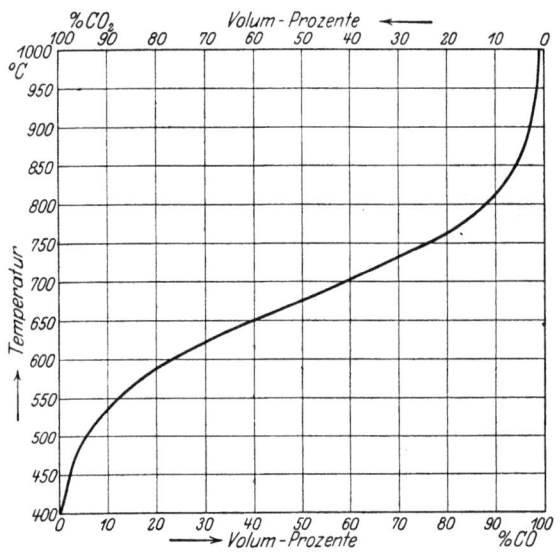

Abb. 3. Boudouardsches Gleichgewicht.

gleich zwischen Steinkohlenkoks und Holzkohle besonders deutlich zeigt. Man kann nach dem heutigen Stand unseres Wissens sagen, daß die Beschaffenheit der Oberfläche gleichbedeutend ist mit einer Aktivierung der Kohlenstoffatome bzw. mit der verschiedenen Konzentration dieser aktivierten Atome innerhalb des großen Atomkomplexes, als welchen man sich das Molekül C_x vorstellen muß.

Dies führt nun zu der chemischen Betrachtung des Mechanismus, und da ergibt sich, daß die Reaktionen in der einfachen Form, wie sie in den Gleichungen dargestellt sind, gar nicht vor sich gehen können.

Der Kohlenstoff bildet einen Komplex des Moleküls von der unbekannten Größe C_x, aus welchem sich das wirklich aktive

Atom C_1 nicht durch den Glutzustand allein, sondern im Glutzustand erst bei gleichzeitiger Anwesenheit von Sauerstoff oder einfachen Sauerstoffverbindungen herauslöst. Das Sauerstoffmolekül O_2 ist für die Reaktion des glühenden Kohlenstoffes gleichwertig mit den einfachen Sauerstoffverbindungen H_2O und CO_2. Diese letzteren aber können mit dem Kohlenstoff gar nicht anders reagieren als über das Atom Sauerstoff O_1.

Der glühende Kohlenstoff hat also auf Wasserdampf und Kohlensäure eine „aufspaltende" Wirkung, die zur Bildung von O_1 führt und damit unmittelbar zur Verbindung von C_1 mit O_1 zu CO.

Nimmt man dagegen eine direkte Bildung von Kohlensäure an, so bedeutet dieses eine Anlagerung von O_2 an Kohlenstoff, würde also für das Molekül O_2 einen Ausnahmefall im Verhalten des Kohlenstoffes darstellen. Eine solche unmittelbare Anlagerung findet aber bei keiner Oxydation statt, auch nicht bei niederen Temperaturen. Selbst eine so einfache Oxydation wie das Rosten des Eisens ist immer eine Autoxydation, d. h. sie erfordert die Mitwirkung von O_1 neben O_2, sie führt also über ein höheres Oxyd zu dem normalen Oxyd. Dieser Fall ist beim Kohlenstoff gar nicht denkbar, ganz abgesehen davon, daß Autoxydationsvorgänge nicht bei Gluttemperaturen stattfinden.

Das Fundament der ganzen Betrachtung bildet die Gleichung A 2
$$O_2 + 2\,CO \rightleftarrows 2\,CO_2 + 2 \cdot 68{,}2 \text{ kcal.}$$
Ihr Ablauf ist ganz unabhängig von der Streitfrage, ob sich primär Kohlenoxyd oder Kohlensäure bildet. Diese Gleichung läßt sich experimentell beweisen durch die Verbrennung von Kohlenoxyd, welches auf anderem Wege als mittels glühenden Kohlenstoffes hergestellt ist. Ebenso läßt sich die Umkehrung beweisen durch Dissoziation von Kohlensäure, welche ebenfalls auf anderem Wege als durch Verbrennung hergestellt wird. In jedem Falle also ist die Gleichung A 2 durch ihren experimentellen Nachweis und durch ihre Umkehrbarkeit vor den Gleichungen A 1 und A 3 ausgezeichnet. A 1 und A 3 können deshalb nur erklärt werden, wenn man sie mit der Gleichung A 2 in Verbindung bringt.

Aus einer solchen Betrachtung ergibt sich für den Kohlenstoff:
Die 4 Valenzen des Kohlenstoffatoms sind vollkommen gleichwertig. Diese Gleichwertigkeit erstreckt sich beim Kohlenstoff in einer Vollkommenheit, die kein anderes chemisches Element zeigt, sowohl auf die Verbindungen mit elektropositiven (Wasserstoff) wie mit elektronegativen (Sauerstoff) Elementen. Bei den Reaktionen mit dem Sauerstoffatom O_1, welches zweiwertig ist, ist es gegeben, die 4 Valenzen des Kohlenstoffatoms in 2 Doppelvalenzen zu zerlegen.

Das Kohlenoxyd CO ist die einzige Kohlenstoffverbindung, welche der Vierwertigkeit des Kohlenstoffes widerspricht, aber nur bedingt. Das Kohlenoxyd ist zwar gegen (nasse) Oxydation in der Kälte sehr beständig, aber es hat andererseits richtige Verbrennungseigenschaften, und diese sind nicht anders zu erklären als dadurch, daß die freie Doppelvalenz des Kohlenstoffatoms $=C=O$, welche im Kohlenoxyd gegeben ist, wirksam wird. Die Wärmetönung dieser Doppelvalenz bei der Reaktion mit Sauerstoff ist $= 68{,}2$ kcal. Es ergibt sich also für die 2 Doppelvalenzen bei der Reaktion mit Sauerstoff eine Wärmetönung von 2 mal 68,2 kcal.

Nun lehrt uns aber das Verhalten des kalten Kohlenstoffes, daß die Valenzen überhaupt nicht wirksam werden (keinem Element gegenüber), solange nicht das Kohlenstoffatom C_1 aus dem Komplexmolekül C_x losgelöst und „aktiviert" wird. Dazu ist ein Wärmaufwand nötig, der durch den Glutzustand des Kohlenstoffes bereitgestellt wird und 38,8 kcal per C_1 beträgt. Der Vorgang läßt sich dann darstellen durch die Gleichung

$$C_x + x \cdot 38{,}8 \text{ kcal} = x C_1 \,.$$

Wesentlich ist nun, daß dieser Vorgang nie unabhängig erfolgt, sondern nur bei Gegenwart von Sauerstoff oder einfachen Sauerstoffverbindungen, wie Kohlensäure, Wasserdampf usw. Ist diese Voraussetzung nicht gegeben, dann ändert sich auch an dem glühenden Kohlenstoff nichts, wie jede Kohlenfadenlampe beweist.

Die endotherme Auflösung und Aktivierung von C_x zu C_1 ist deshalb unlösbar verbunden mit der Bildung von Kohlenoxyd oder Kohlensäure. Aber die Tatsache, daß die Reaktionsfähigkeit des glühenden Kohlenstoffes gegenüber CO_2 und H_2O die gleiche ist, wie gegenüber O_2 beweist, daß primär immer Atome von Sauerstoff dabei wirksam werden, und das ist gleichbedeutend mit der Bildung von Kohlenoxyd.

Gleichgültig, woher das Sauerstoffatom O_1 stammt, verläuft die primäre Bildung von Kohlenoxyd deshalb nach der Gleichung:

$$\frac{x}{2} \cdot O_2 + (C_x + x \cdot 38{,}8 \text{ kcal}) = x \cdot CO + x \cdot 68{,}2 \text{ kcal} \,.$$

Nimmt man nicht O_2, sondern CO_2 oder H_2O, so ändert sich die Wärmetönung um die Dissoziationswärme der Kohlensäure (68,2 kcal) bzw. des Wasserdampfes (57,8 kcal).

Unveränderlich bestehen bleibt aber immer der Wärmeaufwand von 38,8 kcal für die Bildung von C_1. Die Art dieser Wärmearbeit ist unbekannt, sicher aber kann sie durch den Begriff „Verdampfungswärme" nicht gemessen und noch viel weniger charakterisiert werden. Die Erkenntnis dieser Art Wärmearbeit wäre gleichbedeutend mit der Erkenntnis des „wahren" Kohlenstoffes überhaupt.

Zu den gleichen Folgerungen gelangt man, wenn man die Vorgänge vom Sauerstoff aus betrachtet. Es muß zunächst wieder betont werden, daß es bei allen Verbrennungsvorgängen völlig gleichberechtigt ist, den Vorgang als eine Verbrennung von Sauerstoff mit Brennstoff zu betrachten, wie umgekehrt. Diese Betrachtungsweise vom Sauerstoff aus hat sogar den größeren Vorzug der Einfachheit; denn sie gibt die Wärmetönungen pro Atom O_1 an, also für eine einfache und eindeutige Größe. Nach der Grundgleichung A 2 ergibt sich für das Sauerstoffatom O_1 in Reaktion mit einer Doppelvalenz wie C_1 eine Wärmetönung 68,2 kcal per O_1. In den beiden anderen Gleichungen A 1 und A 3 ist die Wärmetönung per O_1 scheinbar regellos, in Wirklichkeit aber auch hier konstant = 68,2 kcal. Die wirkliche Wärmetönung ist immer zusammengesetzt aus den beiden konstanten Wärmetönungen von entgegengesetztem Vorzeichen:

$\doteq$ 38,8 kcal per C_1,
$+$ 68,2 kcal per O_1.

Tabelle 18.

Gleichung	Scheinbare kcal per 1 O_1	Ergibt aufgelöst	Wirkliche kcal per O_1
A 1	29,4 kcal	$O_1 + C_1 + 38{,}8$ kcal $= CO\ +$	68,2 kcal
A 2	68,2 ,,	$O_1 + CO \qquad\qquad = CO_2 +$	68,2 ,,
A 3	97,6 ,,	$O_2 + C_1 + 38{,}8$,, $= CO_2 +$	2 mal 68,2 kcal

Vom Sauerstoff aus betrachtet sind also die Gleichungen A 1 und A 3 zunächst gleichberechtigt. Die Entscheidung darüber, welche von beiden verwirklicht wird, ergibt sich aber wiederum aus der Grundgleichung A 2, welche ganz zweifelsfrei verwirklicht wird und dabei die allgemeinste Bedingung einer Gleichung, die Umkehrbarkeit, zeigt.

A 1 und A 3 sind beide nicht umkehrbar, aber mit dem Unterschied, daß A 1 für jede Temperatur des glühenden Kohlenstoffes Gültigkeit hat, während A 3 durch die Dissoziation der Kohlensäure bei hohen Temperaturen eine Umkehrbarkeit in sich trägt. Da diese Umkehrbarkeit aber niemals eine direkte ist in dem Sinne $CO_2 = C + O_2$, sondern immer im Sinne der Grundgleichung A 2, so kann die Gleichung A 3 auch nicht den Charakter einer unteilbaren, sondern nur einer zusammengesetzten Gleichung haben. Sie löst sich vielmehr, von den Wärmetönungen aus betrachtet, in einen nichtumkehrbaren (+) und einen umkehrbaren (±) Teil auf.

$O_2 + [C_1 + 38{,}8 \text{ kcal}] = [CO + 68{,}2 \text{ kcal}] + [O_1 \pm 68{,}2 \text{ kcal}]$.

Die Wärmetönung 2 mal 68,2 kcal per O_2 ist deshalb kein unteilbares Ganzes für O_2, sondern entspricht

68,2 kcal/O_1 für Bildung von Kohlenoxyd,
68,2 kcal/O_1 für die umkehrbare Verbrennung des Kohlenoxyds.

Die Bildung von Kohlensäure kann also immer nur über Kohlenoxyd erfolgen. Dies ergibt sich im übrigen auch, wenn man den Einfluß der Temperatur betrachtet. Die Temperatur ist ohne Einfluß auf die Größe der exothermen Wärmetönung des Sauerstoffes O_1 und der endothermen Wärmetönung des Kohlenstoffes C_1. Erhöhte Temperatur (gesteigerte Gluttemperatur) kann deshalb nur quantitativ wirken, d. h. die Geschwindigkeit der Reaktionen steigern. Dieser Geschwindigkeitssteigerung ist aber eine Grenze gesetzt bei allen umkehrbaren Vorgängen, weil Umkehrbarkeit gleichbedeutend ist mit dem Vorhandensein von 2 Reaktionsgeschwindigkeiten entgegengesetzter Richtung, wie dies aus der Gleichung A 2 zu erkennen ist. Das ergibt, daß bei denkbar höchsten Temperaturen (Kohlenstoff in höchster Glut) mit hochvorgewärmtem Sauerstoff überhaupt nur eine Reaktionsgeschwindigkeit in bezug auf Kohlenoxydbildung bestehen kann, während die Verbrennungsgeschwindigkeit des Kohlenoxyds = 0 wird.

Die Boudouardsche Temperaturkurve für den Quotienten CO/CO_2 ist deshalb ebenso ein Abbild des Quotienten

$$\frac{\text{Bildungsgeschwindigkeit des Kohlenoxyds}}{\text{Verbrennungsgeschwindigkeit des Kohlenoxyds}}.$$

Sie gilt für jede Temperatur, bei welcher eine Reaktion des Kohlenstoffes überhaupt einsetzt (Mindesttemperatur: beginnende Glut), und führt — indem sie die 2 Geschwindigkeiten deutlich voneinander scheidet — zu der getrennten Bildung und Trennung des Kohlenoxyds.

Die Primärtheorie vom Standpunkte der Technik. Die Verbrennungstechnik erstrebt immer die Bildung von Kohlensäure und die ihr zugehörige größte Wärmetönung. Sie kommt deshalb, solange es sich um Messungen und Rechnungen handelt, mit der Gleichung A 3 vollkommen aus, d. h. die rechnende und messende Technik braucht nicht die Frage zu stellen, ob die Gleichung A 3 einen unmittelbaren Vorgang oder einen zusammengesetzten (getrennte Bildung und Verbrennung von Kohlenoxyd) darstellt. Die konstruktive und betriebstechnische Ausbildung der Feuerungen und Motoren und ebenso das Bestreben, den Sinn des Unterschiedes von Feuerungen und Motoren zu erkennen, führt aber in zunehmendem Maße dazu, dem inneren Vorgang der Verbrennung mehr Beachtung zu schenken als bisher. Damit gewinnt aber die Frage nach dem Reaktionsablauf zwischen dem Kohlenstoff und dem Sauerstoff eine allgemein umfassende Bedeutung.

Eine unmittelbare Bedeutung hat die Primärreaktion des Kohlenstoffes für die Verfeuerung von Koks und von mageren Steinkohlen, eine mittelbare aber für alle Verbrennungsvorgänge mit alleiniger Ausnahme der Verbrennung von Wassergas.

Wenn man sich den Vorgang veranschaulicht an der Verfeuerung von Koks, die immer eine glühende Schicht dieses Brennstoffes in bestimmter Höhe voraussetzt, so ergibt sich ganz einfach die Frage: Wodurch erklärt sich überhaupt das Auftreten von Kohlensäure und Kohlenoxyd nebeneinander schon innerhalb dieser Schicht, wenn primär nur Kohlenoxyd entsteht? Von den gegnerischen Anschauungen, die ähnliche Gedankengänge verfolgen, aber trotzdem die primäre Bildung von Kohlenoxyd verneinen, ist die bemerkenswerteste die von Haber[1]). Es heißt da:

„Kohle verbrennt bei hoher Geschwindigkeit der durchgeblasenen Luft noch bei Weißglut zu Kohlensäure, während im Gleichgewicht oberhalb 800° wesentlich und oberhalb 1000° fast ausschließlich Kohlenoxyd vorhanden sein sollte. Man kann sich entweder vorstellen, daß sich an der Grenze der Kohle gegen die Luft primär Kohlenoxyd bildet in jener quantitativen Ausbeute, die dem Gleichgewicht entspricht, und daß später, nachdem das Gas den Kontakt mit der Kohle verloren hat, nach der Gleichung

$$O_2 + 2\,CO \rightleftarrows 2\,CO_2$$

Kohlensäure entsteht. Aber dies wäre der erste Fall, in welchem Sauerstoff primär unter Spaltung seines Moleküls reagiert. Nach allen Autoxydationserfahrungen entsteht zuerst ein Stoff, der immer ein Molekül Sauerstoff enthält."

Dazu ist zu bemerken, daß Autoxydationsvorgänge stets an niedrige Temperaturen gebunden sind, wie die Autoxydation der Steinkohle beim Lagern an der Luft beweist. Weiterhin aber erfordert gerade die Autoxydation die Mitwirkung von Sauerstoffatomen, und diese Mitwirkung ist in der Form des Ozons viel allgemeiner gegeben, als gemeinhin angenommen wird. Das Molekül O_2 wird somit wohl angelagert, aber nur unter Mitwirkung von O_1, d. h. es bildet sich ein höheres Oxyd, welches, indem es ein Atom Sauerstoff abgibt und in das normale Oxyd übergeht, seinerseits wieder als Autoxydator wirkt (vgl. S. 53).

---

[1]) Haber: Thermodynamik technischer Gasreaktionen. Berlin 1905.

Diese Oxydation über die Autoxydation kann bei den Kohlenstoffverbindungen ebenso wie bei den Metallen beobachtet werden. Beim Element Kohlenstoff dagegen ist sie gar nicht möglich, weil der Kohlenstoff erst bei Gluttemperatur mit Sauerstoff reagiert und — ganz abgesehen von der Unbeständigkeit der Kohlensäure bei hohen Temperaturen — ein höheres Kohlenoxyd als CO_2 nicht vorauszusehen und noch weniger bekannt ist.

Daß das Kohlenoxyd zu Kohlensäure verbrennt, nachdem es den Kontakt mit der Kohle verloren hat, ist ein Vorgang, der sich unabhängig von den Vorgängen innerhalb der Glutschicht vollzieht und der nur abhängig ist von der Geschwindigkeit der Sekundärluft, nicht aber von der Geschwindigkeit der Luft innerhalb der Glutschicht: Primärluft. Man sieht, wie sich aus der obersten Schicht jedes Koksfeuers blaue Flammen von Kohlenoxyd entwickeln, die zu Unrecht als die „Verbrennung" des Koks gedeutet werden. Die Glutschicht des Koksfeuers ist ein Koksgenerator. Ein wirklicher Koksgenerator, der als solcher gebaut und betrieben ist, unterscheidet sich von einer Koksfeuerung nur dadurch, das das Gas, nachdem es den Kontakt mit dem Koks verloren hat, erst in zeitlichem und örtlichem Abstand verbrannt wird.

Die allgemeine Erfahrung lehrt, daß in jeder solchen Glutschicht von Koks zu unterst, also nächst der Eintrittsstelle der Luft, der Kohlensäuregehalt am größten ist, weshalb man diese unterste Schicht als „Verbrennungszone" bezeichnet. Diese Bezeichnung ist richtig, weil hier tatsächlich eine Verbrennung stattfindet, aber nicht von Kohlenstoff, sondern von Kohlenoxyd. Der obere Teil der Glutschicht zeigt eine Zunahme des Kohlenoxyds und eine Abnahme der Kohlensäure und wird deshalb gewöhnlich als „Reduktionszone" bezeichnet. Diese Bezeichnung ist nicht richtig, denn in dieser Zone findet keine Reduktion von Kohlensäure, sondern eine verminderte Verbrennung von Kohlenoxyd statt.

Um diese Erscheinung im Sinne der Primärtheorie zu verstehen, muß man berücksichtigen, daß normalerweise in jeder Koksfeuerung und in jedem Generator der Sauerstoff ganz aufgezehrt wird, gleichgültig, welches das Verhältnis $CO : CO_2$ ist. Die Erklärung dafür ist, daß die Geschwindigkeit (Menge pro Sekunde) des Sauerstoffes immer größer ist als die für eine bestimmte Temperatur konstante Reaktionsgeschwindigkeit des Kohlenstoffes. Es ist also überschüssiger Sauerstoff vorhanden, der mit dem primär gebildeten Kohlenoxyd zusammentrifft an einer glühenden Oberfläche, die alle Voraussetzungen für eine katalytische flammenlose Verbrennung erfüllt. Der Kohlensäuregehalt muß deshalb gerade an der Eintrittsstelle der Luft am größten sein, und es bildet sich hier eine Verbrennungszone aus. Durch die sekundäre Verbrennung des Kohlenoxyds wird aber gleichzeitig diejenige Temperatur geschaffen und gehalten, welche für den Verlauf der Primärreaktion nötig ist.

Die Temperatur ist somit in der Verbrennungszone immer am höchsten, in der weiter oben folgenden Reduktionszone kann sie nur abnehmen, und damit entfällt eigentlich die erste Voraussetzung für die Reduktion der Kohlensäure, weil diese Reduktion immer endotherm verläuft. Selbstverständlich kann eine Reduktion von Kohlensäure durch den glühenden Kohlenstoff in der Reduktionszone eintreten, aber nur dann, wenn kein Sauerstoff mehr vorhanden ist, denn die Bildung von Kohlenoxyd aus Kohlenstoff und Sauerstoff gibt gegenüber der Bildung von Kohlenoxyd aus Kohlenstoff und Kohlensäure ein Plus von 68,2 Kalorien per C_1, wird sich also als Vorgang mit der größeren Wärmetönung immer vorzugsweise vollziehen.

Der größere Quotient CO/CO_2 in der Reduktionszone erklärt sich deshalb nicht so sehr aus einer wirklichen Reduktion von Kohlensäure, wie vielmehr daraus, daß in dieser Zone die Geschwindigkeit des Sauerstoffs abnimmt, während die Reaktionsgeschwindigkeit des Kohlenstoffes fast gleichbleibt. Infolgedessen findet ein vollständiger Verbrauch des Sauerstoffs für die Bildung des Kohlenoxyds statt, und es bleibt kein Sauerstoff mehr übrig für die Verbrennung des Kohlenoxyds.

Wenn man nun die sog. Verbrennungsgeschwindigkeit des Koks steigert, wie es bei der Koksfeuerung durch den Unterwind geschieht, so steigert man zunächst nicht die Reaktionsgeschwindigkeit des Kohlenstoffes, sondern nur die Geschwindigkeit der Luft. Man schafft also für eine gleichbleibende Menge von Kohlenoxyd pro Sekunde und Oberflächeneinheit einen größeren Überschuß von Sauerstoff und verstärkt damit die katalytische Verbrennung des Kohlenoxyds in der Verbrennungszone. Diese vermehrte Verbrennung von Kohlenoxyd führt naturgemäß zu einer Temperaturerhöhung und damit auch zu einer erhöhten Reaktionsgeschwindigkeit des Kohlenstoffes. Erhöhte Luftgeschwindigkeit — und das ist Unterwind — bedeutet somit immer eine Steigerung der beiden Geschwindigkeiten, Bildung und Verbrennung des Kohlenoxyds. Ein bestimmtes Gleichgewicht zwischen beiden Geschwindigkeiten muß aber innegehalten werden, d. h. man kann die Geschwindigkeit der Luft nicht beliebig erhöhen. Wird der Gebläsedruck nämlich zu stark, so daß mehr

Sauerstoff vorhanden ist, als der Maximalgeschwindigkeit der Kohlenoxydbildung plus der Geschwindigkeit der Kohlenoxydverbrennung entspricht, so geht überschüssiger Sauerstoff unverbraucht durch die Glutschicht, und das Koksfeuer wird ausgeblasen.

Kohlenstoff und reiner Sauerstoff. In reinem Sauerstoff lassen sich bekanntlich alle Formen des Kohlenstoffes, auch Graphit und Diamant, zu Kohlensäure verbrennen. Diese Verbrennung steht indessen nicht im Widerspruch zu der Primärtheorie, sondern ist in ihrem Verlauf bzw. in ihrer Geschwindigkeit sichtbar abhängig von der Geschwindigkeit der Kohlenoxydbildung. Diese Geschwindigkeit wird bestimmt:

1. Durch die Größe und Beschaffenheit der Oberfläche des Diamants bzw. des Graphits (Graphit mit metallisch dichter und glatter Oberfläche ist unter Umständen noch schwerer zu verbrennen als Diamant mit rauher Oberfläche).

2. Durch die Temperatur, welche nach unten hin im Sinne einer kleinsten Reaktionsgeschwindigkeit des Kohlenstoffes begrenzt ist. Das heißt, Diamant und Graphit müssen für die Reaktion hoch erhitzt werden.

3. Die Geschwindigkeit des Sauerstoffes bestimmt die Geschwindigkeit und Vollständigkeit der Verbrennung des Kohlenoxyds zu Kohlensäure. Diamant und Graphit verbrennen deshalb in strömendem Sauerstoff leichter als in ruhendem, selbst wenn dieser verdichtet ist.

4. Die Einleitung der Reaktion, d. h. die erste Bildung von Kohlenoxyd, erfolgt immer im Sinne der Wassergasreaktion. Ohne die Anwesenheit von Wasser, wenn auch nur in geringsten Spuren, ist deshalb eine „Entzündung" von Diamant und Graphit überhaupt nicht möglich.

In Übereinstimmung damit steht das Verhalten von Koks bei Verbrennung unter günstigsten Bedingungen, das ist bei Verbrennung mit reinem Sauerstoff in großem Überschuß in der kalorimetrischen Bombe.

Es ist dabei als selbstverständlich vorausgesetzt, daß es sich um scharf ausgestandenen Koks (besten Hüttenkoks) handelt, der aber durch feinste Pulverisierung die größtmögliche Oberfläche erhält. Eine Vorwärmung des Koks ist in diesem Fall nicht möglich, infolgedessen versagt die Zündung und damit die Einleitung der Reaktion, wenn nicht ein Hilfsbrennstoff dem Kokspulver zugesetzt wird. Die Verbrennung bleibt aber in den meisten Fällen unvollkommen in der untersten Schicht des Kokspulvers, trotzdem nach der Verbrennung noch ein großer Überschuß von Sauerstoff vorhanden ist. Im Sinne der direkten Bildung von Kohlensäure läßt sich diese Erscheinung überhaupt nicht erklären. Es ist kein Grund einzusehen, warum die Verbrennung in reinem Sauerstoff, wenn sie schon den größeren Teil des Kohlenstoffes erfaßt hat, bei einem Rest stehenbleibt, obgleich noch Sauerstoff genügend vorhanden ist.

Die Erklärung dafür liegt darin, daß die Geschwindigkeit der Kohlenoxydbildung, auch bei einer Bildung unter günstigsten Verhältnissen beschränkt und an eine gewisse Mindesttemperatur gebunden ist. Nur wenn die Wärmeentwicklung bei der Sekundärverbrennung des Kohlenoxyds zu Kohlensäure dazu verwendet wird, die Temperatur in der Schicht des Kokspulvers möglichst hoch zu halten, dann ist die primäre Kohlenoxydbildung und damit auch die vollständige Verbrennung des Kokspulvers durchzuführen.

Das ist annähernd nur dann möglich, wenn die Differenzen zwischen der Verbrennungsgeschwindigkeit des Kohlenoxyds und der Wärmeableitungsgeschwindigkeit möglichst groß ist. Die vollkommene Verbrennung von Kokspulver im Kalorimeter bedingt deshalb im einfachsten Fall, daß das Material des Verbrennungsgefäßes ein möglichst schlechter Wärmeleiter ist und daß weiterhin das Verbrennungsschiffchen mit einem ebenfalls schlechten Wärmeleiter bedeckt wird.

7. Der Sauerstoff.

Farbloses Gas.

Kritische Temperatur $= -118°$ ($155°$ in absoluter Temperatur).

Kritischer Druck $= 50$ at.

Der Sauerstoff ist das meist verbreitetste chemische Element. Bei seinem Vorkommen sind vom verbrennungstechnischen Standpunkte aus zu unterscheiden:

1. freier Sauerstoff als Bestandteil der atmosphärischen Luft,
2. anorganisch gebundener Sauerstoff, das sind einfache Verbindungen des Sauerstoffes mit fast allen chemischen Elementen, die Oxyde,
3. organisch gebundener Sauerstoff, das sind die sauerstoffhaltigen Kohlenstoffverbindungen.

Freier Sauerstoff. Die atmosphärische Luft enthält rund 21 Volumprozent freien Sauerstoff von der normalen Molekülgröße O_2 im Gemenge mit 79 Volumprozent Stickstoff. Daneben enthält die Luft 0,3 Volumprozent Kohlensäure sowie sehr kleine Mengenanteile der sogenannten Edelgase, Argon usw. Dazu kommt dann noch ein Gehalt an Wasserdampf bis zu 100 proz. Sättigung bei gegebener Temperatur.

Für den Luftbedarf einer Verbrennung ist neben dem Sauerstoffgehalt nur der Wasserdampf von Bedeutung. Seine katalytische Wirkung durch die Wassergasreaktion wird heute bei allen Verbrennungen angenommen.

Eine Modifikation des Sauerstoffes — und zwar von besonderer Aktivität — ist das Ozon von der Molekulargröße O_3. Ozon ist in der atmosphärischen Luft stets in Spuren vorhanden und bildet sich aus dem gewöhnlichen Sauerstoff O_2 unter dem Einfluß sehr starker elektrischer Entladungen (Blitz). Auf ähnliche Weise kann das Ozon auch künstlich erzeugt bzw. Luft mit Ozon angereichert werden. Das Ozon wirkt, zum Unterschied von gewöhnlichem Sauerstoff, unmittelbar und stark oxydierend. Autoxydationsvorgänge sind deshalb auf intermediäre Bildung von Ozon zurückzuführen. Als das Hydrat des Ozons, nicht nach dem Molekulargewicht, wohl aber nach der Wirksamkeit, ist das Wasserstoffsuperoxyd H_2O_2 anzusehen. Beide wirken durch die Abspaltung von aktivem Sauerstoff.

$$O_3 = O_2 + O_1,$$
$$O_3 + H_2O = O_2 + H_2O_2,$$
$$H_2O_2 = H_2O + O_1.$$

Verbrennungstechnisch ist das Ozon wirksam bei der Zündung, insbesondere bei der elektrischen Zündung durch Zündkerzen oder andere Funkenstrecken.

Von den Bildungsweisen des freien Sauerstoffes ist die allgemeinste und wichtigste die Dissoziation der Oxyde unter dem Einfluß der Temperatur.

Verbrennungstechnisch sind nur 2 Fälle von Bedeutung, nämlich die Dissoziation (umgekehrte Verbrennung) von Kohlensäure und von Wasserdampf.

Eine reine Temperaturdissoziation und damit die wirkliche Bildung von freiem Sauerstoff tritt jedoch auch bei höchsten Verbrennungstemperaturen niemals ein. Die Dissoziation von Kohlensäure und Wasserdampf erfolgt vielmehr immer im Gleichgewicht mit glühendem Kohlenstoff, so daß nicht freier Sauerstoff, sondern Kohlenoxyd entsteht.

Die Bildung von freiem Sauerstoff durch Abspaltung aus höheren Oxyden (Superoxyden) ist, wie weiter unten noch ausgeführt wird, verbrennungstechnisch kaum von Bedeutung.

In bezug auf die normalen sauerstoffhaltigen Kohlenstoffverbindungen, also auch die Brennstoffe dieser Art, muß ausdrücklich festgestellt werden, daß die thermische oder irgendsonst geartete Zersetzung solcher Verbindungen niemals zu der Bildung von freiem Sauerstoff führt.

Die Reaktionswirkung des freien Sauerstoffes — Oxydation — ist auch bei den einfachsten Vorgängen dieser Art keine unmittelbare. Das Molekül O_2 muß immer „aktiviert" werden zum Atom O_1, um unmittelbar oxydierend zu wirken. Mittel dazu sind die Zwischenbildung von Ozon O_3 und katalytische Wirkung des Wassers (vor allem Luftfeuchtigkeit und Regenwasser). Alles weist darauf hin, daß auch die einfachste Oxydation über ein höheres Oxyd verläuft, welches, indem es Sauerstoff abgibt, wiederum oxydierend wirkt: Prinzip der Autoxydation. Ist z. B. Me ein beliebiges zweiwertiges Metall, und setzt man für Ozon $O_2 + O_1$, so verlaufen Autoxydation und Oxydation wie folgt:

$$2\,Me + (O_1 + O_2) = MeO + MeO_2,$$
$$MeO_2 + Me = 2\,MeO.$$

Es ist z. B. bekannt, daß Eisen in vollständig trockener Luft nicht rostet, ebenso wie vollständig trockenes Kohlenoxyd mit trockener Luft nicht zur Zündung gebracht werden kann.

Die Geschwindigkeit der Oxydation steigt ganz allgemein mit der Größe der Oberfläche und mit der Temperatur, die letztere ist aber durch die Umkehrbarkeit der Reaktion begrenzt. Beispiel für diese Geschwindigkeitseinflüsse sind das Rosten und das Verbrennen von Eisen, das langsame Oxydieren und das schnelle Verbrennen von Magnesium usw.

Einen besonderen und starken Einfluß auf die Geschwindigkeit der Oxydation hat der Partialdruck des Sauerstoffes. Die Oxydation erfolgt deshalb viel schneller, wenn die Luft mit Sauerstoff angereichert ist, und erreicht die höchste Geschwindigkeit im reinen Sauerstoff. Die gleiche Wirkung läßt sich also auch durch die Kompression der Luft erreichen, und dieses Mittel wird in der Verbrennungstechnik (Motoren) am häufigsten angewandt, während die Anreicherung der Luft mit Sauerstoff, insbesondere für den Hochofenbetrieb, erst in der Entwicklung begriffen ist. Reiner Sauerstoff wird nur für ganz spezielle Verbrennungsvorgänge angewandt, bei denen es nur auf hohe Temperaturen ankommt.

Die Verbrennung einfachster Art, d. h. von Wasserstoff und von Kohlenoxyd, ist vollständig der Oxydation der chemischen Elemente unterzuordnen, Unterschiede bestehen immer nur in der Geschwindigkeit und in der Wärmetönung (Verbrennungstemperatur). Die Verbrennung im allgemeinsten Fall aber — Verbindungen von Kohlenstoff und Wasserstoff — unterscheidet sich von der gewöhnlichen Oxydation dadurch, daß die Elemente Kohlenstoff und Wasserstoff erst aus dem Verband des Moleküls gelöst werden müssen. Die chemischen Vorgänge, welche zwischen der Zündung und der Verbrennung liegen, und noch weniger ihre Geschwindigkeit, sind nicht vollkommen geklärt. So viel erscheint aber sicher, daß die außerordentliche Intensität, welche die Verbrennung vor allen anderen Oxydationsvorgängen auszeichnet, darauf zurückzuführen ist, daß Atome von Sauerstoff, Wasserstoff und Kohlenstoff im Zeitpunkt ihrer Entstehung, also in höchst aktiver Form, aufeinander wirken.

In diesem Zeitpunkt ist eine einseitige Auffassung der chemischen Reaktion völlig unzulässig. D. h. man kann ebensogut sagen, der Sauerstoff verbrennt mit Wasserstoff und Kohlenstoff wie umgekehrt. Die Betrachtung vom Sauerstoffatom O_1 aus hat sogar den Vorzug fundamentaler Einfachheit in den Wärmetönungen[1]).

Verbrennung von Wasserstoff .... = 68,4 kcal per O_1,
„ „ Kohlenoxyd zu Kohlensäure = 68,2 kcal per O_1,
„ „ CH_2....................
„ „ $CH(OH)$................ } = 52,0 kcal per O_1.
„ „ $C(OH_2)$.................

Aus der Annäherung der Werte für Kohlenstoff und Wasserstoff kann man mit großer Wahrscheinlichkeit annehmen, daß bei vollkommenster Messung die beiden Wärmetönungen überhaupt übereinstimmen würden. Der Wert 52 kcal für die sekundäre Atomgruppe CH_2 und ihre Abkömmlinge ist nur dadurch kleiner (vgl. S. 20), daß die doppelte Bindung des Kohlenstoffatoms an die 2 benachbarten Kohlenstoffatome naturgemäß Auflösungswärme bedingt.

Der Stickstoffgehalt der Verbrennungsluft verhält sich bei der Verbrennung vollständig passiv. Nur sehr starke aktivierende Einwirkungen, wie sie bei der Verbrennung nicht gegeben sind, bewirken eine geringe Verbrennungsgeschwindigkeit des Stickstoffes zu Stickstoffoxyd (z. B. Blitz und andere sehr starke elektrische Entladungen). Für die gewöhnliche Verbrennung, bei welcher die Luft ebenso wie der Brennstoff ein Rohstoff ist, wirkt der Stickstoff deshalb in jeder Hinsicht als ein Ballast.

Anorganisch gebundener Sauerstoff (einfache Oxyde). Verbindungen mit Sauerstoff — Oxyde — sind von fast allen chemischen Elementen bekannt. Die Mehrzahl der Oxydationen verläuft exotherm, für viele chemische Elemente bis zu dem Betrag, daß das normale Oxyd die beständigste Verbindung ist. Die Oxydation nähert sich häufig in der äußeren Form einer Verbrennung, d. h. verläuft mit Flamme.

---

[1]) Die zugrunde liegenden genauen Atomgewichte sind $O = 16,0000$ und $H = 1,0077$.

Im allgemeinen bestimmt das Oxyd den chemischen Charakter des Elements. Die Oxyde der Nichtmetalle sind von saurem, die der Metalle von basischem Charakter, aber in der mannigfaltigsten Abstufung dem Grade nach.

Von den verbrennungstechnisch wichtigsten Oxyden sind:
die schweflige Säure SO_2 sauer,
die Kohlensäure CO_2 schwach sauer und bei hohen Temperaturen neutral,
das Wasser H_2O neutral.

Das Wasser nimmt unter den einfachen Oxyden aller chemischen Elemente eine besondere Stellung ein, insofern, als es vollkommen neutral ist, aber die meisten Oxyde erst durch die Verbindung mit Wasser als Säuren bzw. Basen wirksam werden. Man bezeichnet die einfachen Oxyde deshalb auch als „Anhydride".

So z. B. wirkt die schweflige Säure SO_2 nur bei Gegenwart von Wasser als Säure, d. h. zerstörend auf Metalle und Mauerwerk.

Als Verbrennungsprodukte besonderer Art, vornehmlich bei metallurgischen Prozessen, treten auf: die normalen Oxyde des Siliziums SiO_2, des Phosphors P_2O_5 und des Arsens As_2O_3, ferner die normalen Oxyde unedler Metalle bei der Herstellung dieser Metalle, so z. B. Zinkoxyd ZnO, Bleioxyd PbO, Zinnoxyd SnO_2, Eisenoxyde usw.

Sofern solche Oxyde nicht in der Schlacke verbleiben, sondern in den Hüttenrauch übergehen, sind sie in diesem ebenso wie Kohlensäure und Wasserdampf als Verbrennungsprodukte zu bewerten.

Viele Elemente bilden neben dem normalen Oxyd ein oder mehrere höhere Oxyde. Man spricht dann von Oxydationsstufen, die höchste Oxydationsstufe wird „Superoxyd" genannt.

Die Bildung der Superoxyde verläuft endotherm oder im Gegensatz zum normalen Oxyd höchstens schwach exotherm. Die Superoxyde spalten deshalb schon bei gelindem Erwärmen oder unter reduzierenden Einflüssen (glühender Kohlenstoff oder Wasserstoff) Sauerstoff ab, indem sie in das normale Oxyd übergehen. Bekannte Superoxyde sind z. B. das Mangansuperoxyd MnO_2 und das Bleisuperoxyd PbO_2.

Den Superoxyden gleichzustellen sind aber auch normale Oxyde von endothermer oder nur schwach exothermer Wärmetönung bei der Bildung. Dazu gehören die sauren Oxyde des Stickstoffes und Chlors und folgerichtig auch deren Salze, die salpetersauren Salze, chlorsauren Salze usw.

Es ist deshalb die Frage zu untersuchen, ob der Sauerstoffbedarf von Verbrennungsvorgängen auch durch solche leicht zersetzbaren Superoxyde bzw. Oxyde gedeckt werden könnte. Eine solche „innere" Verbrennung erfordert in allererster Linie gleiche und sehr große Oberflächen, also feinstes Pulver von Brennstoff und Oxydationsmittel in innigster Mischung. Aber auch dann ist eine innere Verbrennung nur dann möglich, wenn nicht bloß die Zersetzung des Oxyds, sondern auch diejenige des Brennstoffes stark exotherm verläuft. Ist diese Voraussetzung nicht erfüllt, so findet niemals eine restlose innere Verbrennung statt, sondern die Reaktion bleibt bei Oxydation und teilweiser Verkohlung bestehen.

Anschaulich dafür ist die Verwendung solcher Oxydationsmittel für bestimmte Arten von Verbrennungskalorimetern, insbesondere dasjenige von Parr. Der Brennstoff wird dabei mit leicht zersetzlichen organischen Verbindungen, wie Weinsteinsäure usw., gemengt, ein gebräuchlicher Satz ist z. B.:

1 Teil von der zu untersuchenden bituminösen Kohle,
1 Teil Weinsäure $C_4H_6O_6$ als „Hilfsbrennstoff",
20 Teile Natriumsuperoxyd Na_2O_2 } als Oxydationsmittel.
2 Teile Kaliumpersulfat $K_2S_2O_8$

Das Verfahren versagt trotzdem merklich bei mageren Kohlen und vollständig beim Koks.

In der Technik gibt es für die Anwendung von Oxydationsmitteln nur Beispiele negativer Art. Es sind dies die sog. „Kohlensparmittel", welche Braunstein oder Salpeter oder andere Oxydationsmittel enthalten und schon wegen ihrer geringen Menge und groben Verteilung in keiner Weise verbrennungsfördernd wirken können.

Gebundener Sauerstoff in organischen Verbindungen. Die spezifischen sauerstoffhaltigen Brennstoffe gehören alle dem aliphatischen Typ an und sind chemisch neutral. Mit alleiniger Ausnahme des Alkohols sind sie sämtlich von hohem (nicht näher bekanntem) Molekulargewicht und wärmeunbeständig.

Nur die sauerstoffhaltigen Abkömmlinge der Benzolkohlenwasserstoffe, welche als Beimengung in diesen vorkommen (Steinkohlenteeröl) haben sauren Charakter und sind Abkömmlinge (Kreosote) der einfachsten Verbindung dieser Art, des Phenols (Karbolsäure C_6H_5OH).

Der Sauerstoff ist immer an den Kohlenstoff gebunden, meist aber nur mit einer Wertigkeit. Dem entspricht das überwiegende Auftreten des Sauerstoffes in Form der Atomgruppe OH, das ist Hydroxyl.

Geht man von dem allgemeinsten Fall der Atomgruppe CH_2 aus, so entspricht die einfache oder doppelte Bindung des Sauerstoffes an den Kohlenstoff den zwei möglichen Oxydationsstufen. Man kann dabei aber von Oxydationsstufe nur im übertragenen Sinn sprechen. Die höhere Oxydationsstufe kann in keiner Weise mit den höheren Oxydationsstufen anorganischer Art verglichen werden; denn eine Abspaltung von freiem Sauerstoff findet unter keinen Umständen statt.

$$=C=H_2 + O = =C=H(OH),$$
$$=C=H(OH) + O = =C=(OH)_2,$$
$$=C=(OH)_2 \div H_2O = =C=O.$$

Die Wärmeunbeständigkeit ist bei allen hochmolekularen, sauerstoffhaltigen Verbindungen stark ausgeprägt, aber sie ist keine unvermittelt auftretende Eigenschaft. D. h. der Einfluß des Sauerstoffes macht sich schon bei beginnender Erwärmung, die noch keine Zersetzung bedeutet, dadurch bemerkbar, daß die molekulare Beweglichkeit vermindert wird: der Aggregatzustand verschiebt sich nach der dichteren Seite hin.

Sauerstoffhaltige Verbindungen von niedrigem Molekulargewicht, wie z. B. Alkohol, können deshalb wohl wärmebeständig sein, sind aber immer höher siedend als der Kohlenwasserstoff, von dem sie sich ableiten.

Tabelle 19.
Siedepunktserhöhung mit zunehmendem Sauerstoffgehalt.

Reihe C_2		Reihe C_3	
Äthan C_2H_6	$-93°$	Propan C_3H_8	$-45°$
Äthylalkohol $C_2H_6O_1$	$78°$	Propylalkohol $C_3H_8O_1$	$97°$
Äthylglykol $C_2H_6O_2$	$197°$	Propylglykol $C_3H_8O_2$	$210°$
		Glyzerin $C_3H_8O_3$	$290°$

Der Sauerstoff hat also, bildlich gesprochen, einen „kondensierenden" Einfluß, und wenn zu hohem Sauerstoffgehalt noch hohes Molekulargewicht hinzukommt, so hört die molekulare Beweglichkeit auf. Solche Verbindungen können zugeführte Wärme nicht mehr in latente Schmelzwärme oder Verdampfungswärme überführen. Sie müssen sich deshalb zersetzen.

Der typische Grenzfall für die wärmeunbeständigen Brennstoffe ist das Glyzerin. Mit seiner Zusammensetzung $C_3H_8O_3$ ist es das Kohlenhydrat von niedrigstem Molekulargewicht, also das Anfangsglied jener Verbindungen, zu denen das Holz und die fossilen Brennstoffe gehören. Das Glyzerin siedet unter Luftdruck bei $290°$, besitzt aber so geringe molekulare Beweglichkeit, daß es tatsächlich nur bei niedrigeren Temperaturen, also im Vakuum, unzersetzt destilliert werden kann.

Die Wärmeunbeständigkeit, technisch der Vorgang der Verkokung und Verkohlung, nimmt ihren Anfang immer bei den sauerstoffhaltigen Atomgruppen. Da der Wasserstoff und alle seine Verbindungen wärmebeständig und flüchtig sind, so ist die erste Zersetzung von sauerstoffhaltigen organischen Verbindungen immer die Abspaltung von Wasser aus den Hydroxylgruppen.

Schon eine Zersetzung höheren Grades ist die Abspaltung von Sauerstoff zusammen mit Kohlenstoff als Kohlensäure.

Die Abspaltung von Sauerstoff mit Kohlenstoff zusammen als Kohlenoxyd endlich ist schon eine Zersetzung höchsten Grades.

Die Abspaltung von Wasserstoff als Wasser ist immer gleichbedeutend mit einer „Verarmung" des Kohlenstoffatoms. Sie hat — fortschreitend — zur Folge, daß das Kohlenstoffatom seinen Wasserstoff und seinen Sauerstoff vollständig verliert, d. h. elementar frei wird. Dieses ist der chemische Sinn jeder Verkokung.

Die Entstehung von solchem verarmten, elementaren Kohlenstoff bedeutet immer einen Bruch des Molekularverbandes. Es entstehen neben freiem Kohlenstoff immer kleinere und ärmere Molekularverbände. Im allerletzten Stadium und bei höchster Temperatur ergibt sich vollständig verarmter Kohlenstoff einerseits und Wasser, Kohlensäure, Kohlenoxyd und Wasserstoff andererseits.

Angewandt auf die allgemeinsten Typen sauerstoffhaltiger Atomgruppen läßt sich der Vorgang, unbeschadet der zahlreichen Variationsmöglichkeiten, wie folgt darstellen.

Tabelle 20.

Atomgruppe	Konstitutionsformel	Art der Zersetzung
Monohydroxylgruppe	$C\begin{smallmatrix}-O-H\\-H\end{smallmatrix}$	$\div H_2O = C=$
Dihydroxylgruppe	$C\begin{smallmatrix}-O-H\\-O-H\end{smallmatrix}$	$\div H_2O = C=O$ (Karboxylgruppe)
Carboxylgruppe	$C=O$	thermisch beständig.
Brückengruppe	$\begin{smallmatrix}C=H_2\\ >O\\C=H_2\end{smallmatrix}$	$\div H_2O = \begin{smallmatrix}C-H\\ >\\C-H\end{smallmatrix}$ oder $\begin{smallmatrix}C=H_2\\ \\C\equiv\end{smallmatrix}$

Der Sauerstoff. 59

Die höchste Beständigkeit hat die Karboxylgruppe, auf welche der Sauerstoffgehalt auch des bestausgestandenen Koks zurückzuführen ist. Das allgemeine chemische Verhalten der Sauerstoffverbindungen wird dadurch bestimmt, daß sie — im Vergleich zu den Kohlenwasserstoffen — immer von verminderter Symmetrie im chemischen Aufbau sind.

Tabelle 21.

Symmetrie	H—C(H)(H)—C(H)(H)—H Äthan	Benzol (C₆H₆)
Verminderte Symmetrie	H—C(H)(H)—C(H)(OH)—H Äthylalkohol	Oxybenzol (Phenol)

Sie sind deshalb chemisch nicht so beständig wie die Kohlenwasserstoffe, und zum Unterschied von diesen vor allem der Reaktion mit Sauerstoff leichter zugänglich. Es ergibt sich daraus die Tatsache, daß die sauerstoffhaltigen Brennstoffe das Bestreben haben, sich höher zu oxydieren und daß bei ihnen somit ein Unterschied zwischen Oxydation und Verbrennung besteht. Die bekanntesten Beispiele dieser Art sind die Oxydation der Steinkohlen an der Luft, die Oxydation des Alkohols zu Aldehyd und Essigsäure und ganz allgemein die Vorgänge bei der Zündung.

Am stärksten ausgeprägt ist diese Oxydationsfähigkeit bei den Sauerstoffverbindungen des Benzols, bei welchen die sauerstoffreichste Verbindung, das Pyrogallol, sogar als Absorptionsmittel für Sauerstoff verwendet wird (Gasanalyse).

Tabelle 22.

	Benzol	Oxybenzol (Phenol)	Dioxybenzol (Hydrochinon)	Trioxybenzol (Pyrogallol)
Sauerstoffaufnahme	C_6H_6 keine	$C_6H_6O_1$ schwache	$C_6H_6O_2$ starke	$C_6H_6O_3$ sehr starke

Diese Oxydation von sauerstoffhaltigen Kohlenstoffverbindungen müßte folgerichtig schließlich zur Bildung von wirklichen Superoxyden führen. Dem steht aber die außerordentliche Unbeständigkeit der organischen Superoxyde entgegen, so daß

Bildung und Zersetzung der Superoxyde zusammenfallen: Zündung. Wohl aber lassen sich auf indirektem Wege, d. h. durch die Einführung von sauerstoffreichen Atomgruppen anderer Elemente in Kohlenstoffverbindungen Superoxyde von ausgeprägtem Charakter und labiler Konstitution herstellen:

Die Sprengstoffe. Typisch ist besonders die Einführung der sauerstoffreichen und an sich schon labilen Nitrogruppe NO_2. Solche Nitroverbindungen entstehen durch Behandeln bestimmter Brennstoffe mit starker Salpetersäure (Nitrieren). Die Herkunft und Entstehung dieser Stoffe ist an der Zusammensetzung ihres Namens leicht erkenntlich: Nitrozellulose (Schießbaumwolle), Nitroglyzerin (Dynamit), Nitrobenzol usw.

Die Bildungsweise der Sprengstoffe verläuft immer endotherm, kann aber nur durch exotherme Zweischenreaktionen (Schwefelsäure) eingeleitet werden und erfordert deshalb sehr starke Kühlung. Der Nitrokörper zersetzt sich schon bei gelinder Erwärmung, wobei Sauerstoff in aktiver Form frei wird und eine Verbrennung einleitet, die unter den bekannten Erscheinungen einer Sprengstoffexplosion erfolgt. Eine solche Sprengstoffexplosion ist indessen niemals eine vollkommene Verbrennung. Schon rein stöchiometrisch reicht der Sauerstoff für eine vollkommene Verbrennung nicht aus, und außerdem erfolgt die Zersetzung der sauerstoffhaltigen Gruppen außerordentlich viel schneller als die thermische des Brennstoffkerns. Der nitrierte Brennstoff liefert deshalb bei der Explosion viel mehr Zersetzungs- als Verbrennungsprodukte, was aber für den eigentlichen Zweck, das ist plötzliche und starke Druckentwicklung, vollauf genügt.

Übereinstimmend damit ist es nicht unwesentlich festzustellen, daß die Verbrennungswärme der Sprengstoffe je Gewichtseinheit bedeutend geringer als die ihrer Stammsubstanzen und ganz allgemein kleiner ist als die Verbrennungswärme selbst mittelmäßiger Brennstoffe.

Tabelle 23. Verbrennungswärmen kcal/kg.

	Stammsubstanz (Brennstoff)	Nitrokörper (Sprengstoff)
1. Zellulose $C_6H_{10}O_5$	4 185	
Trinitrozellulose (Schießbaumwolle) $C_6H_7O_5(NO_2)_3$		1050
2. Glyzerin $C_3H_8O_3$	4 320	
Trinitro-Glyzerin (Dynamit) $C_3H_5(NO_2)_3$		1590
3. Benzol C_6H_6	10 020	
Dinitrobenzole (3 Isomere) $C_6H_4(NO_2)_2$.		4140—4194
Trinitrobenzole (2 Isomere) $C_6H_3(NO_2)_3$		3126—3195

Die chemische Systematik[1].

8. System Kohlenstoff.

Die Brennstoffe dieses Systems werden zusammenfassend als „Verkokungsprodukte" oder auch „Verkohlungsprodukte" bezeichnet. Sie entstehen durch die thermische Zersetzung von wärmeunbeständigen Kohlenstoffverbindungen.

In der Natur sind die Voraussetzungen für ihre Bildung verhältnismäßig selten, dann aber mit stärkster Auswirkung gegeben, so daß die natürlichen Produkte dieser Art — Graphit und graphitoide Anthrazite — mineralisierter Koks und damit äußerst schwer verbrennbar sind.

Um so zahlreicher und notwendiger sind die künstlichen Produkte. Jeder Altersstufe von Kohle entspricht eine besondere Form von Koks. Von technischer Bedeutung sind:

a) Koks aus fetten Steinkohlen, das sind Zechenkoks und Gaskoks,

b) Koks aus Braunkohlen (Grude),

c) Torfkoks,

d) Holzkohle.

Eine besondere Form ist der Petrolkoks, welcher bei der Destillation des Erdöls durch Überhitzung (Anbrennen) der asphaltreichen Destillationsrückstände entsteht.

Als „Halbkoks" bezeichnet man den bei der Tieftemperaturverkokung gebildeten, unvollkommen ausgestandenen Steinkohlenkoks. Der Begriff geht aber technisch über dieses Produkt hinaus; denn die technischen Verkokungsprodukte aus Braunkohle, Torf und Holz sind alle mehr oder minder „Halbkoks".

Der feste Aggregatzustand aller Verkokungsprodukte ist gekennzeichnet und unterschieden durch folgende, äußere Eigenschaften:

a) Porosität, verursacht durch das Treiben der Kohlensubstanz bei der thermischen Zersetzung.

Durch die Porosität ergibt sich bei allen Koksarten ein Unterschied zwischen „wahrer" und „scheinbarer" Dichte.

---

[1] s. Seite 14.

b) Druckfestigkeit ist nur beim Steinkohlenkoks eine ausgeprägte Eigenschaft.

c) Härte und Zerreiblichkeit hängen mit der Druckfestigkeit zusammen, aber ohne erkennbare Regel.

d) Stückelung: Nur Steinkohlenkoks vermöge seines Backvermögens und in geringerem Maße Holzkohle durch die Widerstandsfähigkeit der Holzstruktur zeigen eine ausgesprochene Stückelung und können deshalb auf bestimmte Korngrößen „gebrochen" werden.

Tabelle 24.

	Spezifisches Gewicht		Porenvolumen	Druckfestigkeit
	wahres	scheinbares	%	kg/qcm
Hüttenkoks ..	1,8—2,0	0,9 —0,95	40—50	130—200
Gaskoks	1,7—1,9	0,75—0,85	50—60	70—130
Halbkoks ...	—	0,4 —0,65	>60	keine
Grude	1,4—1,5	0,55—0,65	—	,,
Holzkohle ...	1,4	0,4 —0,5	70—80	30—50

Sehr wichtig für die Reaktionsfähigkeit von Koks ist auch die Beschaffenheit der Oberfläche. Dabei sind 2 Arten zu unterscheiden:

a) Oberfläche mineralischer Art.

Solche Oberflächen sind silbergrau bis metallisch glänzend oder im höchsten Ausmaße graphitähnlich, sehr dicht und hart. Sie werden nur beim Steinkohlenkoks beobachtet und sind am stärksten ausgeprägt beim Hüttenkoks.

b) Oberfläche kohliger Art.

Solche Oberflächen sind matt schwarz, weich und rauh. Sie entstehen bei der Verkokung von Braunkohlen, Torf, Holz oder auch allgemein bei allen unvollkommen ausgestandenen Koksarten, also bei jedem Halbkoks.

Alle diese äußeren Eigenschaften sind verbrennungstechnisch von größter Bedeutung, weil die Reaktionsfähigkeit des Koks grundsätzlich mit der Größe und Beschaffenheit der reagierenden Oberfläche zusammenhängt.

Nach den Erfahrungen mit sog. „aktiver" Kohle muß angenommen werden, daß bei der Reaktionsfähigkeit (Oberflächenbeschaffenheit) von Koks die aktive aufgelöste Form des Elements Kohlenstoff eine Rolle spielt.

Chemisch:

Ihrer Herstellung nach sind alle Verkokungsprodukte zuerst wasserfrei, müssen aber „abgelöscht" werden. Da die Ablöschung immer über den eigentlichen Zweck, das ist Abkühlung, hinausgeht,

System Kohlenstoff.

so sind fast alle Koksarten mit Wasser beschwert. Der bleibende Wassergehalt ist auf das kapillare Aufsaugungsvermögen zurückzuführen und nicht auf hygroskopische Eigenschaft der Kokssubstanz.

Der Aschegehalt berechnet sich aus dem Aschegehalt des verkokten Rohstoffes in einfacher Weise zu:

$$\% \text{ Asche im Koks} = \frac{\% \text{ Asche im Rohstoff}}{\% \text{ Koks ausbringen}}.$$

Der Einfluß der Asche ist bei allen Koksarten viel größer als der zahlenmäßige Gehalt. Kein Koks verbrennt restlos bis auf die rein mineralischen Bestandteile, weil die letzten Anteile von Kohlenstoff von der glühend heißen Asche graphitiert werden, in geringem Maße bilden sich auch Karbide. Beides bedeutet Schwerverbrennlichkeit.

Die Reinsubstanz ist nur annähernd reiner Kohlenstoff, mit größter Annäherung beim Hüttenkoks. Die Kokssubstanz ist aufzufassen als „Stumpf"verbindung von Kohlenstoff mit Wasserstoff und Sauerstoff und daneben auch Schwefel. Dieser Stumpf erreicht bei allen nicht vollkommen ausgestandenen Koksarten beträchtliche Werte.

Tabelle 25.

Verkokungsprodukt	Auf 100 Teile C entfallen		$\left(H - \frac{O}{8}\right) : \frac{C}{12}$	Verbrennungswärme kcal/kg
	H	O		
Hüttenkoks ..	0,5—0,7	1,5— 2,2	0,04 : 1	7975—8025
Gaskoks	1,0—1,5	2,0— 3,0	0,11 : 1	7950—8050
Halbkoks ...	3,5—4,0	10 —12	0,30 : 1	8050—8100
Grude	2,0—2,5	7 — 8	0,16 : 1	7900—7950
Torfkoks. ...	2,6—2,8	6 — 7	0,23 : 1	8100—8150
Holzkohle ...	3,5—4,0	12 —14	0,26 : 1	7800—7900

Je größer der Stumpf ist, um so besser ist die Reaktionsfähigkeit des Kokses. Zündungserscheinungen an Koks sind nur auf den Stumpf zurückzuführen. Die Verbrennung des Stumpfes leitet die streng einheitliche Vergasung des Kohlenstoffes ein. Koksarten, die gar keinen Stumpf mehr enthalten, wie z. B. Graphit und Diamant, sind deshalb äußerst schwer, d. h. ohne katalytische Mitwirkung von Wasserdampf überhaupt nicht zu entzünden.

Die Größe des Stumpfes und Größe und Beschaffenheit der Oberfläche ändern sich stets im gleichen Sinn, wie die einfache Betrachtung der Koksarten (z. B. Braunkohlenkoks und Steinkohlenkoks) erkennen läßt.

Die Art der chemischen Bildung des Wasserstoffes im Stumpf ist nicht geklärt, noch mehr gilt dies vom Sauerstoff. Der Sauerstoffgehalt ist außerordentlich beständig. Bezüglich der Zugehörigkeit des Sauerstoffes zu der Asche oder zu der Reinsubstanz sind jedoch die Grenzen so unscharf wie bei keinem anderen Brennstoff.

Schwefel ist in allen Koksarten vorhanden (Mindestmenge in der Holzkohle). Er verbrennt immer vorzugsweise.

Die Verbrennungswärme von Koks ist nur annähernd die des reinen, sog. amorphen Kohlenstoffes = 8040 kcal. Nicht ganz ausgestandener Steinkohlenkoks (Gaskoks) erreicht gewöhnlich höhere Werte, größere Stümpfe dagegen können die Verbrennungswärme, je nach dem Sauerstoffgehalt, erhöhen oder auch erniedrigen.

Die Verbrennungswärme der bei Koks errechneten Reinsubstanz ist im übrigen niemals so scharf wie bei den Kohlen, weil die chemischen Veränderungen der Asche während des Verglühens beim Koks viel weiter gehen als bei den Kohlen.

Die Verwendung von Koks beruht grundsätzlich immer auf einem „Verglühen" des Kohlenstoffes zu Kohlenoxyd, also auf einer Vergasung. Dem Wesen nach besteht deshalb kein Unterschied zwischen einer Koksfeuerung und einem Koksgenerator, oder zwischen der „Verbrennung" von Koks und von Kohlenoxyd.

Für den wirklichen, d. h. vollständig ausgestandenen Koks sind die Begriffe „Zündung" und Verbrennung" gegenstandslos. Beide Begriffe sind vielmehr zu ersetzen durch „Reaktionsfähigkeit"[1]).

Reaktionsfähigkeit besagt, daß der Koks als ein einheitliches Material von ganz eindeutiger Reaktion mit Sauerstoff keine Initialzündung zeigen kann. Die Reaktion beginnt nicht wie bei Initialzündung in einem Punkt, sondern flächenhaft, und setzt immer eine bestimmte Mindesttemperatur, einfach ausgedrückt, den Glutzustand voraus.

Reaktionsfähigkeit besagt ferner, daß keine Verbrennung stattfindet, sondern nur Vergasung zu Kohlenoxyd. Die Verbrennung des Kohlenoxyds zu Kohlensäure ist ein ganz selbständiger Vorgang und erfolgt sekundär.

Die Reaktionsfähigkeit hängt in einfacher Weise mit der Größe und Beschaffenheit der Oberfläche zusammen und wird begünstigt durch die Stumpfverbindungen. Durch die letzteren wird der Vorgang, wie bereits früher ausgeführt, chemisch unrein, aber technisch erleichtert.

Die Reaktionsfähigkeit des glühenden Koks besteht gegenüber dem Sauerstoffmolekül O_2 und allen einfachen Oxyden der Nicht-

---

[1]) Vgl. Karl Bunte: Zündpunkte und Reaktionsfähigkeit von Verkokungsprodukten. Z. angew. Chem. 1926, S. 132f.

metalle wie CO_2, H_2O, SO_2 usw. Die Reaktionsgeschwindigkeit ist immer eine begrenzte, sie kann auch unter günstigsten Umständen niemals bis zur Explosionsgeschwindigkeit beschleunigt werden.

Koks bildet als Brennstoff eine Klasse für sich, die in engster Beziehung steht zum Kohlenoxyd. Zu den Brennstoffen des Systems Kohlenstoff-Wasserstoff-Sauerstoff steht der Koks nur in genetischer Beziehung, zu dem System Kohlenstoff-Wasserstoff in gar keiner. Der Koks eignet sich deshalb sehr schlecht zur Mischverbrennung mit anderen Brennstoffen. Eine solche ist nur möglich mit sehr kohlenstoffreichen, wärmeunbeständigen Brennstoffen, wie Anthrazit und Magerkohle, die sich in ihren Verbrennungseigenschaften dem Koks selbst nähern.

Nach allen seinen Eigenschaften ist der Koks zwar wärmebeständig, aber in passiver Form und als Brennstoff kein Material, sondern ein Mittel zur Verbrennung. Man kann ihn am besten bezeichnen als einen „indirekten" Brennstoff, und als solcher ist er zusammen mit dem Kohlenoxyd der einzig wirklich einheitliche Brennstoff.

9. System Kohlenstoff-Sauerstoff (Kohlenoxyd).

Das chemisch reine Kohlenoxyd hat als Brennstoff keine Bedeutung.

Es würde jedoch nicht angehen, in der chemischen Systematik das Kohlenoxyd einer anderen Brennstoffklasse zuzuordnen, so z. B. den Kohlenwasserstoffen, nur weil es mit deren niedrigsten Gliedern den vollkommen gasförmigen Aggregatzustand teilt und mit ihnen zusammen in den meisten technischen Gasen vorkommt.

Die chemische Systematik der Brennstoffe wäre vielmehr unvollkommen ohne die gesonderte Einordnung und sogar Hervorhebung des Kohlenoxyds, da das Kohlenoxyd die Verbindung herstellt zwischen dem Element Kohlenstoff und seiner Verbrennung. Da elementarer Kohlenstoff nicht allein eine der Grundlagen der chemischen Systematik bildet, sondern auch bei der Zersetzung von Brennstoffen der beiden anderen Systeme immer entsteht, so erhellt daraus, daß dem Kohlenoxyd eine außerordentlich umfassende Bedeutung in der gesamten Systematik zukommt.

Wie bereits beim Kohlenstoff ausgeführt, erfolgt die Bildung des Kohlenoxyds nicht vollständig trocken, sondern immer — d. h. zum mindesten als Zwischenreaktion — über die primäre Wassergasgleichung A 1:

$$C + H_2O \rightarrow CO + H_2 \div 28{,}4 \text{ kcal.}$$

Theoretisch ist das Kohlenoxyd der einzige Brennstoff, welcher kein Wasser als Verbrennungsprodukt liefert und dessen Verbrennung somit vollständig „trocken" gedacht werden könnte. Für die Technik trifft dies unter keinen Umständen zu. Das Kohlenoxyd, wie es bei technischen Verbrennungsvorgängen sich bildet und verbrennt, ist immer mehr oder minder Wassergas, selbst dann, wenn die Beimengung von Wasserstoff so gering ist, daß sie analytisch nicht mehr nachgewiesen werden kann.

Der für die Bildung dieses Wassergases nötige Wasserdampf ist gegeben schon durch die Luftfeuchtigkeit und durch den Wasserstoffgehalt und Wassergehalt, der in allen Brennstoffen vorhanden ist. Da es sich bei der primären Wassergasbildung um eine katalytische Zwischenreaktion handelt, so genügen schon Spuren von Wasser, die in der einen oder anderen Weise immer gegeben sind.

Daraus ergibt sich nun weiterhin, daß die Eigenschaften des Kohlenoxyds, die für die Technik von so hoher Bedeutung sind, niemals die Eigenschaften des chemisch reinen, vollständig trockenen Kohlenoxyds sind.

Für das chemisch reine und trockene Kohlenoxyd hat der Begriff der Zündung ebensowenig einen Sinn wie für den chemisch reinen Kohlenstoff. Es ist bekanntlich unmöglich, ein vollständig trockenes Gemisch von Kohlenoxyd und Luft zur Entzündung bzw. zur Explosion zu bringen. Führt man den Versuch nicht vollkommen trocken aus — dies ist der gewöhnliche Fall — so erfolgt keine eigentliche Zündung, sondern die Reaktion mit Wasserdampf. Es ist deshalb nicht richtig, von einer Zündgeschwindigkeit des Kohlenoxyds zu sprechen, richtig ist vielmehr Reaktionsgeschwindigkeit. Dies wird schon dadurch bewiesen, daß die sog. Zündgeschwindigkeit nur 2 m/sec beträgt, also hinter einer wahren Zündgeschwindigkeit, wie sie sonst bei allen brennbaren Gasen beobachtet wird, weit zurückbleibt. Da die Reaktionsgeschwindigkeiten des Kohlenoxyds deutlich begrenzt sind, so kann man ganz allgemein von einer Verbrennungsträgheit des Kohlenoxyds sprechen. Daraus erklärt sich auch die Bedeutung des Kohlenoxyds in sog. Antiklopfmitteln für Automobilmotoren.

Wenn man z. B. Eisenkarbonyl $Fe(CO)_5$ dem Brennstoff beimengt, so wird diese Verbindung aus Kohlenoxyd und Eisen bei Wärmezufuhr sich zersetzen. Da nun sowohl die Zersetzungsgeschwindigkeit des Karbonyls ebenso wie die Verbrennungsgeschwindigkeit des entstehenden Kohlenoxyds viel stärker begrenzt ist wie die Verbrennungsgeschwindigkeit der reinen Kohlenwasserstoffe, so bedeutet die Beimengung des Eisenkarbonyls zu den Kohlenwasserstoffen, daß deren Verbrennungsgeschwindigkeit in fühlbarem Maße „gebremst" wird. Die Abhängigkeit aller Reaktionen, welche zur Bildung oder Verbrennung von Kohlenoxyd führen, von der katalytischen Mitwirkung des Wasserdampfes hat dazu geführt, daß die gesamte Verbrennungstechnik in diesem Punkt bis heute noch die größten Widersprüche und Unklarheiten aufweist. Insbesondere ist die Anschauung, daß das Auftreten von Kohlenoxyd in den Verbrennungsprodukten immer gleichbedeutend ist mit einer „unvollständigen" Verbrennung, in dieser allgemeinen Fassung falsch. Grundsätzlich muß vielmehr folgendes festgestellt werden:

1. Die Bildung von Kohlenoxyd entspricht nicht einer Reduktion von Kohlensäure durch Kohlenstoff, sondern einer primären, unmittelbaren Reaktion zwischen Kohlenstoff und Sauerstoff bzw. Wasserdampf. Diese Reaktion ist nicht umkehrbar.

2. Die Kohlensäure entsteht nicht durch Verbrennung von Kohlenstoff, sondern durch die Verbrennung des primär gebildeten Kohlenoxyds mit Sauerstoff oder mit Wasserdampf. Diese Reaktion wird umkehrbar mit ansteigender Temperatur.

3. Beide Reaktionen sind im hohen Maße von der katalytischen Mitwirkung des Wasserdampfes abhängig (Wassergasreaktionen). Daraus und weiterhin aus der Tatsache, daß nicht die Bildung, wohl aber die Verbrennung des Kohlenoxyds umkehrbar ist, muß sich zwangsläufig immer eine Dissonanz zwischen der Bildungsgeschwindigkeit und der Verbrennungsgeschwindigkeit des Kohlenoxyds ergeben.

Man kann deshalb höchstens vom wirtschaftlichen Standpunkt aus das Auftreten von Kohlenoxyd als eine unvollkommene Verbrennung bezeichnen, weil dabei die Verbrennungswärme des Kohlenoxyds selbst verlorengeht. Vom chemischen Standpunkt aber ist Kohlenoxyd niemals eine unvollkommene Verbrennung, sondern eine Unstimmigkeit zwischen Bildung und Verbrennung des Kohlenoxyds. Diese Unstimmigkeit ist bei allen Verbrennungsvorgängen aus den oben angeführten drei Gründen grundsätzlich gegeben.

In anschaulicher Darstellung besagt dies, daß die Bildung und Beständigkeit des Kohlenoxyds vorzugsweise im Bereich hoher Temperaturen liegen, während für die Kohlensäure das Umgekehrte gilt. Die Temperatur als die einfachste Funktion jeder Verbrennung wirkt deshalb nicht ausnahmslos günstig, sondern stellt im Gegenteil eine grundsätzliche Begrenzung für die Vollständigkeit der Verbrennung dar. Das ist praktisch wichtig, weil die Verbrennungswärme bzw. Verbrennungstemperatur im allgemeinen mit dem Kohlenstoffgehalt des Brennstoffes steigt. In bezug auf das Kohlenoxyd ist deshalb die vollständige Verbrennung von hochwertigen Brennstoffen (magere und anthrazitische Kohle) tatsächlich schwieriger als die von niedrigen.

Bei wärmebeständigen Brennstoffen erfolgt wegen der vollendeten Bindung von Kohlenstoff an Wasserstoff die Wassergasbildung und Wassergasverbrennung als innere Reaktion, d. h. ohne daß vorher — wie bei den wärmeunbeständigen Brennstoffen — Kohlenstoff wirklich ausgeschieden wird. Infolgedessen ist bei diesen Brennstoffen die Kohlenoxydbildung immer geringer, aber nie ausgeschlossen, weil auch die Kohlenwasserstoffe nicht unbegrenzt wärmebeständig sind. Günstig wirkt dabei der Druck (Kompressionsdruck bei Motoren), weil sich dadurch die Temperatur erhöht, bei welcher die Verbrennung des Kohlenoxyds umkehrbar wird.

Vom wärmewirtschaftlichen Standpunkt aus ist es natürlich angebracht, die Verbrennung durch die Bestimmung des Kohlenoxydgehaltes in den Rauchgasen zu kontrollieren und zu leiten. Aber man muß sich dabei darüber klar sein, daß der Kohlenoxydgehalt in den Abgasen nur dann auf die Verbrennung selbst bezogen werden kann, wenn nach der Verbrennung keine Gleichgewichtsänderungen durch die Temperatur mehr auftreten. In dieser Hinsicht gilt folgendes:

1. In zeitlichem und örtlichem Abstand von der Verbrennung kann die Verbrennung des Kohlenoxyds zu Kohlensäure nochmals umkehrbar werden, wenn die Kohlensäure zusammentrifft mit glühendem Kohlenstoff und glühenden Metallen (Me = zweiwertiges Metall),

$$CO_2 + Me = CO + MeO,$$

weil beide eine Dissoziation (Reduktion) der Kohlensäure zu Kohlenoxyd herbeiführen.

Solche Einflüsse sind in fast allen Feuerungen gegeben, weniger in Motoren.

2. In zeitlichem und örtlichem Abstand von der Verbrennung kann umgekehrt eine Dissoziation des Kohlenoxyds im Sinne der Hochofenreaktion eintreten,

$$2\,CO \rightleftarrows CO_2 + C$$

im Bereich von verhältnismäßig niedrigen Temperaturen und nur bei Gegenwart katalytisch wirkender Metalle.

Solche Verhältnisse sind ganz allgemein gegeben bei allen Dampfkesselfeuerungen (wassergekühlte Flächen) und bei den Motoren durch die wassergekühlten Zylinderwände.

Die technische Verbrennung vollzieht sich immer in einem Gemisch von Wassergas und gasförmigen Kohlenwasserstoffen, aber mit verschiedener mengenmäßiger Bedeutung des Kohlenoxyds bzw. des Wassergases. Es sind dabei 3 Fälle zu unterscheiden:
1. Die Brennstoffe des Systems Kohlenstoff (Koks) verbrennen ausschließlich in Form von Wassergas.
2. Die Brennstoffe des Systems Kohlenstoff-Wasserstoff-Sauerstoff, das sind die wärmeunbeständigen, verbrennen in 2 Phasen:
a) Der Koksrückstand verbrennt ausschließlich in Form von Wassergas.
b) Die flüchtigen Bestandteile verbrennen in Form von Kohlenwasserstoffen. Die Geschwindigkeit der beiden Phasen ist verschieden.
3. Die Brennstoffe des Systems Kohlenstoff-Wasserstoff verbrennen in Form von Kohlenwasserstoffen.

Während also der zur Verbrennung gelangende gasförmige Teil bei Kohlenstoff und bei den Kohlenwasserstoffen einheitlich charakterisiert ist, hat er bei den wärmeunbeständigen Brennstoffen (Kohlen) immer einen Mischcharakter. Der Mischcharakter nähert sich dem reinen Wassergas um so mehr, je geringer der Gehalt an flüchtigen Bestandteilen ist, während das Umgekehrte nicht restlos zutrifft. Dies hängt zusammen mit der Einteilung der Kohlen bzw. ihrer flüchtigen Bestandteile in magere, fette und trockene.

Es ist klar, das der Begriff mager ein Gas bedeutet, welches überwiegend aus Wassergas besteht, und ebenso ist es klar, daß ein Gas, welches fett ist, überwiegend aus Kohlenwasserstoffen besteht. Aber die zahlreichen Übergänge, welche von mageren zu fetten Gasen bestehen, und ganz besonders die Übergänge, welche von den fetten Gasen zu den trockenen bestehen, bedingen auch die Beziehungen zu untersuchen, welche zwischen dem Wassergas und den Kohlenwasserstoffen, schon bei der Entstehung, bestehen.

Wie im Abschnitt Sauerstoff des näheren ausgeführt, werden bei der thermischen Zersetzung der sauerstoffhaltigen Brennstoffe auch Kohlensäure und Kohlenoxyd abgespalten. Kohlensäure kann dabei als der niedere, Kohlenoxyd als der höhere Grad der Zersetzung gelten. Die flüchtigen Bestandteile aus den Kohlen enthalten deshalb neben Kohlenwasserstoffen immer auch Kohlenoxyd und Kohlensäure. Bei größerem Sauerstoffgehalt überwiegt die Kohlensäure, bei kleinerem das Kohlenoxyd. Damit stimmt überein, daß die Kohlen mit hohem Sauerstoffgehalt bei niedrigeren Temperaturen entgasen als die sauerstoffarmen (mageren). Man kann — in übertragenem Sinn — sagen, daß die Kohlensäure einem bereits „verbrannten" Wassergas entspricht, und die Charakterisierung der flüchtigen Bestandteile aus den Kohlen gestaltet sich dann wie folgt:

1. Mageres Gas (aus mageren oder anthrazitischen Kohlen) ist überwiegend Wassergas mit wenig Kohlenwasserstoffen.
2. Fettes Gas (aus backenden Steinkohlen) besteht überwiegend aus Kohlenwasserstoffen mit geringer Beimengung von Wassergas.
3. Trockenes Gas (aus den jüngsten sog. trockenen Steinkohlen) besteht aus Kohlenwasserstoffen und verbranntem Wassergas.

Es ergibt sich daraus wiederum die bevorzugte mittlere Stellung der fetten oder spezifischen Steinkohlen. Weiterhin ergibt sich aber auch, daß die Verbrennung in jeder Form hinausläuft auf das gegenseitige Verhältnis von Wassergas und von Kohlenwasserstoffen.

Die beiden Bestandteile des Wassergases, Kohlenoxyd und Wasserstoff, sind unbegrenzt wärmebeständig, und ihre Verbrennung ist eine unmittelbare umkehrbare Reaktion, bei welcher Zwischenstufen gar nicht denkbar sind.

Die Kohlenwasserstoffe, auch die allereinfachsten, wie z. B. Methan, sind nicht unbegrenzt wärmebeständig, und der innere Vorgang ihrer Verbrennung setzt dies sogar voraus, weil zu einem bestimmten Zeitpunkt die Bindung zwischen Kohlenstoff und Wasserstoff gelöst werden muß, um eine Vereinigung dieser Atome mit dem Sauerstoffatom herbeizuführen. Diese letzte Aufspaltung und die Vereinigung mit Sauerstoff erfolgt aber (wie im 2. Teil dieses Buches näher ausgeführt) ebenfalls über die Wassergasreaktion, und damit ergibt sich für das Kohlenoxyd eine umfassende Bedeutung für die Gesamtheit aller Verbrennungsvorgänge, die man wie folgt definieren kann: Der letzte und innere Vorgang bei jeder Art der Verbrennung ist immer die Verbrennung von Wassergas. Nur die Verbrennung von fertig gebildetem Wassergas stellt deshalb eine wirklich einfache und unmittelbare Verbrennung dar. Der allgemeine Fall einer Verbrennung unterscheidet sich von diesem einfachsten dadurch, daß er erst die Bildung von Wassergas voraussetzt.

Die Geschwindigkeit der Wassergasbildung ist bei den einfachsten Kohlenwasserstoffen — wie jeder richtig eingestellte Bunsenbrenner beweist — ebenso groß wie die Verbrennungsgeschwindigkeit. Aber der molekulare Abbau, der zu diesen einfachsten Kohlenwasserstoffen führt, ist bei den Brennstoffen im allgemeinen außerordentlich verschieden in seiner Geschwindigkeit, je nach dem Molekulargewicht und der Wärmebeständigkeit oder -unbeständigkeit des Brennstoffes.

Da das Wassergas das Reaktionsprodukt des elementaren Kohlenstoffes ist, so ist tatsächlich der Koks der einzige streng einheitliche Brennstoff (vgl. auch S. 65).

10. System Kohlenstoff-Wasserstoff.

Chemismus. Das natürliche Vorkommen der Kohlenwasserstoffe umfaßt das Erdöl und das Naturgas. Da das rohe Erdöl nie als solches verwendet, sondern immer destilliert wird und die anderen Stammsubstanzen, Steinkohlenteer und Braunkohlenteer, ohnehin schon künstliche Produkte sind, so sind die technischen Brennstoffe des Kohlenwasserstofftyps ausnahmslos künstliche.

Die Brennstoffe dieses Systems zeigen in vollendeter Weise die Beziehungen zur Chemie der Kohlenstoffverbindungen. Es sind unter ihnen alle Variationen des Molekulargewichtes und der Konstitution vorhanden. Nach den technisch wichtigsten Vertretern spricht man gewöhnlich von „flüssigen" Brennstoffen als von einer besonderen Klasse. Es muß demgegenüber betont werden, daß jeder Kohlenwasserstoff, gleichgültig, welches sein Aggregatzustand ist, immer nur das Glied darstellt in einer Reihe, die alle Aggregatzustände aufweist. Eine solche Reihe führt z. B. von den Kohlenwasserstoffen des Leuchtgases in ununterbrochener Folge über Benzin-Leuchtpetroleum-Gasöl-Heizöl bis zur Paraffinkerze.

Vom praktischen Gesichtspunkt aus ist deshalb eine Unterscheidung nach dem Aggregatzustand nur insofern zulässig und

Tabelle 26.

Kohlenwasserstoffe	Art der Herstellung	Zugehörig technische Brennstoffe
Vollkommen gasförmige (Gase)	1. Thermische Zersetzung, d. i. starke Teilung des Molekulargewichtes	Produkte der Entgasung von fetten Kohlen, in technischer Mischung als „fettes" Gas bezeichnet
	2. Aus hochmolekularen flüssigen bzw. dampfförmigen Kohlenwasserstoffen durch leichte Spaltung (schwache Teilung des Molekulargewichtes)	Ölgas
	3. Aus Metall-Kohlenstoff-Verbindungen, das sind Karbide, durch Umsetzung mit Wasser	Technisch beschränkt auf die Herstellung von Azetylen aus Kalziumkarbid $CaC_2 + H_2O = C_2H_2 + CaO$
Unvollkommen gasförmige (Dämpfe)	Verdampfung von flüssigen Brennstoffen im allgemeinen	Die technische Anwendung der gesamten flüssigen Brennstoffe für Motoren oder Ölfeuerung

auch nützlich, als sie die vollkommen gasförmigen Kohlenwasserstoffe von den unvollkommen gasförmigen unterscheidet.

Für den unvollkommen gasförmigen Zustand ergibt sich, wie in einfachster Weise aus dem Siedepunkt der flüssigen Brennstoffe zu ersehen, eine außerordentlich große Abstufung, aber keine scharfe Begrenzung (wie auch aus der graphischen Darstellung auf S. 6 zu ersehen).

Von den chemischen Grundeigenschaften ist für den Aggregatzustand das Molekulargewicht entscheidend. Da dieses in der Technik (noch) kein gangbarer Begriff ist, so hat man einen primitiven Zusammenhang zwischen dem Molekulargewicht und spezifischen Gewicht konstruiert, der seinen Ausdruck findet darin, daß man flüssige Brennstoffe gleicher Herkunft ganz allgemein in „leichte" und „schwere" Sorten unterscheidet. Die Bedeutung dieser beiden Ausdrücke geht aber folgerichtig über das spezifische Gewicht weit hinaus, wie die nachfolgende Darstellung zeigt.

Eigenschaften	Veränderlichkeit bei zunehmendem Molekulargewicht, d. h. beim Übergang vom leichteren zum schwereren Brennstoff
Spezifisches Gewicht	
Viscosität (Flüssigkeitsgrad), bezog. a. d. Viscos. d. Wassers bei 20° = 1° Engler	
Siedepunkt und Schmelzpunkt (Stockpunkt) in abs. Temperatur	
Absolute Temperatur der Selbstzündung	
Absolute Temperatur der Fremdzündung, d. i. Flammpunkt	
Dampftension (Sättigungsdruck)	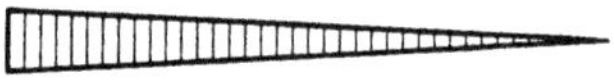
Verbrennungswärme je Gewichtseinheit in kcal/kg	
Verbrennungswärme der Dämpfe je Volumeinheit in kcal/cbm	
Atomverhältnis $\left(H - \dfrac{O}{8}\right) : C$	
Abweichung vom reinen Kohlenwasserstofftyp, d. i. Sauerstoffgehalt	
Partielle Wärmeunbeständigkeit, gemessen am Verkokungsrückstand	

Abb. 4.

System Kohlenstoff-Wasserstoff.

Zwischen allgemeiner und spezifischer chemischer Zusammensetzung besteht auch bei den flüssigen und festen Kohlenwasserstoffen kaum ein Unterschied, weil das Verfahren der fraktionierten Destillation nahezu wasser- und aschefreie Produkte liefert.

Das gegenseitige Lösungsvermögen von flüssigen Kohlenwasserstoffen und Wasser ist sehr gering, aber auch niemals = 0. Es steigt etwas mit dem Molekulargewicht und noch mehr mit der Verunreinigung durch sauerstoffhaltige Verbindungen. Bei sehr hohem Molekulargewicht, gleichbedeutend mit Dickflüssigkeit (Heizöle, Teer), wird ein mitunter erheblicher mechanischer Einschluß von Wasser beobachtet.

Mineralische Bestandteile natürlicher Art (Asche) finden sich nur in den Destillationsrückständen des Erdöls (Heizöle) und stellen eine Anreicherung des natürlichen Aschegehaltes aus dem Rohöl dar. Fremdartige Mineralbestandteile dagegen, herrührend aus Flugasche (im Teer) oder aufgenommen aus Rohrleitungen, gemauerten oder eisernen Behältern, sind spurenweise in fast allen Destillaten vorhanden.

Die spezifische, chemische Zusammensetzung unterscheidet die Gesamtheit der Kohlenwasserstoffe grundsätzlich in:

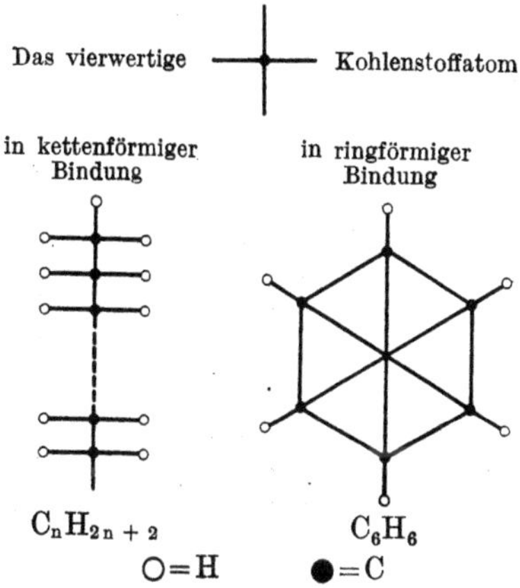

a) aliphatische, das sind kettenförmige Kohlenwasserstoffe von der allgemeinen Grundformel C_nH_{2n+2},

b) ringförmige (aromatische) oder benzolartige Kohlenwasserstoffe, die sich ableiten vom Benzol C_6H_6.

Das vierwertige ——— Kohlenstoffatom

in kettenförmiger Bindung   in ringförmiger Bindung

C_nH_{2n+2} C_6H_6

○ = H   ● = C

Abb. 5.

Von beiden Grundformen gibt es zahlreiche Variationen und Kombinationen, die auch technisch von Bedeutung sind. Natürlichen Ursprungs sind immer nur die aliphatischen Kohlenwasserstoffe (Erdöl). Wenn aliphatische Verbindungen sehr starken thermischen Einwirkungen unterworfen werden, so „flüchten" sie in die beständigeren Formen der ringförmigen Verbindungen. Das bekannteste Beispiel dafür sind die ringförmigen Bestandteile des gewöhnlichen Steinkohlenteers, welche aus dem zuerst sich bildenden aliphatischen „Urteer" sich im Koksofen bilden.

Die aliphatische Art und ihre Variationen. Stammprodukte dieser Art sind das Erdöl, der Braunkohlenteer und der Steinkohlenurteer.

Die chemische Systematik.

Die allgemeine Formel C_nH_{2n+2} läßt den systematischen Reihencharakter dieser Kohlenwasserstoffe erkennen. Jedes derartige Molekül enthält zwei endständige Gruppen CH_3 und dazwischen in beliebiger Anzahl die Gruppe CH_2:

$$C_nH_{2n+2} = CH_3 + (n-2)\,CH_2 + CH_3.$$

Verbrennungstechnisch von Bedeutung ist, daß die Formel sowohl als Ganzes wie auch geteilt in bezug auf das Verhältnis $H:C = (2n+2):n$ konstant bleibt und sich für größere Werte von n dem Wert $2:1$ nähert. Der Wasserstoffgehalt entspricht der theoretischen Sättigung. Die Bindung des Kohlenstoffes an Wasserstoff ist eine vollkommene und ebenso die Kontinuität des Aggregatzustandes bei den einzelnen Gliedern. Soweit diese Kohlenwasserstoffe vollkommene Gase sind (n = 1—5), sind sie typisch „fett" und brennen mit leuchtender Flamme.

Tabelle 27. **Kohlenstoffatomzahl, Wasserstoffzahl, Aggregatzustand der normalen Kohlenwasserstoffe.**

Bezeichnung der Formel	H : C	Siedepunkt	Aggregatzustand
Methan, C_1H_4	4 : 1	— 164°	Gase (Leuchtgas)
Äthan, C_2H_6	3 : 1	— 93°	
Propan, C_3H_8	2,66 : 1	— 45°	
Butan, C_4H_{10}	2,50 : 1	+ 1°	
Pentan, C_5H_{12}	2,40 : 1	+ 38°	flüssig, aber leicht vergasend (Benzin)
Hexan, C_6H_{14}	2,33 : 1	69°	
Heptan, C_7H_{16}	2,29 : 1	98°	
Oktan, C_8H_{18}	2,25 : 1	124°	
Nonan, C_9H_{20}	2,22 : 1	150°	
Dekan, $C_{10}H_{22}$	2,20 : 1	173°	flüssig, Leuchtpetroleum, Gasöl, Heizöl
Undekan, $C_{11}H_{24}$	2,18 : 1	195°	
Dodekan, $C_{12}H_{26}$	2,17 : 1	214°	
Tridekan, $C_{13}H_{28}$	2,15 : 1	234°	
Tetradekan, $C_{14}H_{30}$	2,14 : 1	253°	fest, bei + 5° schmelzend (Paraffin)
C_nH_{2n+2}	2,0 0		

Die technisch wichtigsten Variationen sind:

a) „Ungesättigte" Kohlenwaserstoffe von der Formel C_nH_{2n} oder C_nH_{2n-2}. Die ungesättigten Typen sind im Gegensatz zu den gesättigten gegen chemische Einflüsse, insbesondere Oxydation, nicht beständig (Additionsfähigkeit), sie zünden deshalb leichter. Hochmolekulare ungesättigte Typen sind enthalten im Crackbenzin und im Braunkohlenteeröl, weniger in den Erdölprodukten.

Eine typisch ungesättigte Verbindung und einzig in seiner Art ist das Azetylen C_2H_2, bei welchem $H:C = 1:1$ den Minimalwert erreicht. Das Azetylen hat bei niedrigstem Molekulargewicht die größte Kohlenstoffdichte im Molekül und ist daher der fetteste aller Kohlenwasserstoffe (rußende Verbrennung).

System Kohlenstoff-Wasserstoff.

Von dem Benzol $H_6 : C_6 = 1 : 1$ unterscheidet sich das Azetylen durch Molekulargewicht und Konstitution. Die zahlenmäßig gegebene Auffassung des Azetylens als eines „Bruches" $= {}^1/_3$ Benzol ist im Bereich von hohen Temperaturen auch chemisch begründet durch die gegenseitige Umwandlung beider Kohlenwasserstoffe

$$C_6H_6 \rightleftarrows 3\, C_2H_2.$$

Das Azetylen ist bei Temperaturen von 2000—2500° noch beständig. Es ergibt sich daraus die Folgerung, daß die vollständige Sättigung des Kohlenstoffatoms mit Wasserstoff nicht die beständigste Verbindungsform ist, sondern nur für niedere Temperaturen gilt. D. h. auch die Kohlenwasserstoffe sind nicht unbegrenzt wärmebeständig, sondern es vollzieht sich unter dem Einfluß der Temperatur allein ein Abbau in der allgemeinen Richtung

$$C_nH_{2n} \to n\,H + C_nH_n \to n/2 \cdot C_2H_2.$$

b) Variationen durch Sauerstoff. Zunehmend mit dem Molekulargewicht sind die technischen Kohlenwasserstoffe verunreinigt durch sauerstoffhaltige Verbindungen. Bei den höchsten Molekulargewichten, das sind die Kohlenwasserstoffe der Erdölrückstände, bezeichnet man die sauerstoffhaltigen Beimengungen allgemein als „Asphalt". Diese Bezeichnung hat aber nur für die Chemie der Schmieröle Bedeutung, während verbrennungstechnisch der Begriff „Asphalt" nicht umfassend genug ist. Gleichgültig, ob die hochmolekularen Sauerstoffverbindungen wirklich Asphalt sind oder nicht, sind sie verbrennungstechnisch dadurch gekennzeichnet, daß sie wärmeunbeständig sind, genau so wie die anderen sauerstoffhaltigen Brennstoffe, und sie können deshalb nur nach vorheriger Zersetzung (Verkokung) an der Verbrennung teilnehmen.

Besser ist deshalb eine amerikanische Definition, welche den Begriff des Asphalts für die Verbrennungstechnik ausschaltet und dafür die unvollkommene Wärmebeständigkeit der Schwerverbrennlichkeit gleichsetzt. Als „schwerverbrennlich" haben danach alle Bestandteile zu gelten, die bei einer Temperatur von 300° auch im Vakuum nicht mehr destillationsfähig sind.

In allen Brennstoffen des Kohlenwasserstofftyps sind solche Sauerstoffverbindungen vorhanden, aber immer gelöst in den reinen Kohlenwasserstoffen und damit soweit verdünnt, daß nur der Sauerstoffgehalt des gesamten Brennstoffes einen ungefähren Maßstab bietet. Bei niedrigsten Molekulargewichten — Benzin und Leuchtpetroleum — ist der Sauerstoffgehalt kaum meßbar. Beim Gasöl ist er immer schon merklich (0,5—1,5%) und vergrößert sich auch überdies dadurch, daß das Gasöl wie alle hochmolekularen Kohlenwasserstoffe beim Lagern sich noch weiter oxydiert (äußerlich erkennbar durch das Nachdunkeln des Öls). Bei größtem Molekulargewicht, das sind Destillationsrückstände (Heizöle) beträgt der Sauerstoffgehalt über 3% und kann bis zu 8% steigen.

Isoliert man die Sauerstoffverbindungen, so ergeben sich Substanzen, die ungefähr wie folgt zusammengesetzt sind:

Kohlenstoff 52,2%
Wasserstoff, frei = 4,6%
„ gebunden = 4,8%   9,4%
Sauerstoff . . . . 38,4%   H : C = 1,06 : 1
                                            100,0%
Verbrennungswärme 4550 kcal/kg.

Solche Verbindungen sind zwangläufig wärmeunbeständig, müssen also verkoken (Koksrückstand bei obiger Zusammensetzung z. B. = 22%).

Entscheidend für das verbrennungstechnische Verhalten dieser Sauerstoffbindungen in den Kohlenwasserstoff-Brennstoffen ist in erster Linie ihre Menge, das ist die Konzentration. In geringen Mengen, d. h. in großer Verdünnung, wie z. B. im Gasöl, werden sie durch die Wucht der Verbrennung so weitgehend und schnell zersetzt, daß sie kaum hindernd in die Erscheinung treten. Sind sie aber in großer Menge vorhanden wie in den Heizölen und in sehr schweren Treibölen, so werden sie für die Gesamtverbrennung störend. Es ist aber nicht richtig, in solchen Fällen von „unverbrennlichen" Bestandteilen zu sprechen, denn dieser Begriff gilt nur für mineralische Bestandteile (Asche). Die Zersetzung der sauerstoffhaltigen Verbindungen liefert vielmehr vollkommene Gase einerseits, Kohlenstoff (Ölkoks) andererseits, und damit ist schon der Begriff der Schwerverbrennlichkeit gegeben.

Während alle diese Sauerstoffverbindungen des Erdöls aliphatischen Charakter haben, sind die des Braunkohlenteeröls von ringförmigem Charakter und die gleichen wie beim Steinkohlenteeröl. Es muß dies besonders vermerkt werden, weil die Kohlenwasserstoffe des Braunkohlenteeröls im sonstigen typisch aliphatisch sind.

Eine wirklich einheitliche und typisch wichtige Sauerstoffverbindung ist nur der Alkohol (Spiritus) $C_2H_5(OH)$, welcher sich von dem Äthan C_2H_6 ableitet. Der Einfluß des Sauerstoffes durch Verminderung der Verbrennungswärme und der molekularen Beweglichkeit (Siedepunktserhöhung) ist außerordentlich groß, wie der nachfolgende Vergleich zwischen Äthan und Alkohol zeigt:

Tabelle 28.

	Äthan	Äthylalkohol
Chemisch	C_2H_6	C_2H_6O
Siedepunkt	$-93°$	$+78°$
Verbrennungswärme per 1 kg Gas bzw. Dampf	12 360 kcal	7332 kcal
Dampftension bei $0°$	23 at (vollkommenes Gas)	12 mm Hg

c) Schwefelverbindungen sind ebenfalls in allen technischen Kohlenwasserstoffen enthalten. Die Menge nimmt mit dem Molekulargewicht zu und kann deshalb bei den Heizölen 4—5% erreichen. Es bestehen dabei Beziehungen zwischen den Sauerstoff- und den Schwefelverbindungen (z. B. im Asphalt). Die Schwefelverbindungen sind jedoch immer leichter verbrennlich als die Sauerstoffverbindungen.

Kombinationen bestehen zwischen den aliphatischen Kohlenwasserstoffen und den ringförmigen und werden bei den letzteren besprochen.

Die ringförmige Art und ihre Variationen. Stammprodukt dieser Art ist der gewöhnliche Steinkohlenteer, nicht aber der Steinkohlenurteer, der typisch aliphatisch ist. Es gibt von diesen Kohlenwasserstoffen nur eine Grundform, nämlich das Benzol C_6H_6. Alle anderen Kohlenwasserstoffe dieser Art haben deshalb keinen direkten Reihencharakter, sondern leiten sich vom Benzol durch Kombination ab. Diese ist zweifacher Art:

a) Zusammenschluß von zwei (Naphthalin) oder drei (Anthrazen) und mehr Benzolkernen bedeutet verbrennungstechnisch eine „Verstärkung" des Benzolcharakters.

b) Kombination von Benzol oder von verstärkten Benzolringen mit aliphatischen Gruppen (Toluol, Xylol und entsprechende Derivate des Naphthalins und Anthrazens) bedeutet verbrennungstechnisch eine „Schwächung" des Benzolcharakters.

Da das Benzol als die einfachste Verbindung dieser Art und von niedrigstem Molekulargewicht schon kein vollkommenes Gas mehr ist, sondern flüssig, so müssen sämtliche anderen Verbindungen dieser Art als von höherem Molekulargewicht flüssig oder fest sein.

Der Wasserstoffgehalt beträgt immer nur die Hälfte und weniger der theoretischen „Sättigung". Die Verbindungen dieser Art verhalten sich jedoch wegen der starken inneren Bindung des Kohlenstoffes keineswegs „ungesättigt", sondern sind in jeder Hinsicht weitaus beständiger als die aliphatischen. Für die Zündung und Verbrennung wirkt sich dies ungünstig aus, am meisten bei reinem Benzol, Reinnaphthalin und Reinanthrazen, als

Die chemische Systematik.

Verbindungen von symmetrischer Konstitution. Es kommt dabei hinzu, daß bei der Auflösung des Moleküls, wie sie der Verbrennung vorangeht, zwangläufig Bruchstücke entstehen müssen, die keine vollkommene Bindung von Kohlenstoff an Wasserstoff mehr aufweisen, d. h. H : C wird < 1. Die Kohlenwasserstoffe dieser Art neigen deshalb bei der Verbrennung zu Kohlenstoffabscheidungen in Form von Ruß. Jede Schwächung des Benzolcharakters durch Kombination mit aliphatischen Gruppen wirkt deshalb verbrennungstechnisch günstig. (z. B. Motorenbenzol mit Beimengung von Toluol und Xylol usw.), jede Verstärkung des Benzolcharakters (Naphthalin z. B.) ungünstig.

Tabelle 29.

Abgeschwächter Benzolcharakter		Benzol	Verstärkter Benzolcharakter		Index
CH₃—◯ CH₃—◯ CH₃—	CH₃—◯	◯	◯◯	◯◯◯	Konstitutionsformel
Unsymmetrisch		Vollendete Symmetrie	Kombinierte Symmetrie		Aufbau
Xylol	Toluol	Benzol	Naphthalin	Anthrazen	Name
C_8H_{10}	C_7H_8	C_6H_6	$C_{10}H_8$	$C_{14}H_{10}$	Empirische Formel
1,25 : 1	1,14 : 1	1 : 1	0,80 : 1	0,71 : 1	H : C
140°	110°	81°	218°	351°	Siedepunkt
0,868	0,870	0,885	0,967 (geschmolz.)	—	Spezifisches Gewicht[1])
10230	10150	10020	9640	9550	Verbrennungswärme kcal/kg

Variationen:

a) Die sauerstoffhaltigen Derivate sind typischer Art und von schwach saurem Charakter (Phenole, Kreosote usw.). Sie schwächen den Kohlenwasserstoffcharakter ab in der Verbrennungswärme und in der Destillationsfähigkeit, aber nicht in dem Maße, daß kleinere Mengen bei der Verbrennung hinderlich sind.

Dies gilt besonders für das Steinkohlenteeröl, während im Braunkohlenteeröl der Gehalt an Kreosoten immer größer ist. Spezifisch kreosothaltige Produkte sind von der verbrennungstechnischen Verwendung ohnehin ausgeschlossen, da sie anderweitige Verwendung finden.

---

[1]) Aliphatisch kombiniertes Benzol heißt technisch immer „Schwerbenzol". Der Einfluß der aliphatischen Gruppen bewirkt aber, daß das spezifische Gewicht gegenüber dem Reinbenzol kleiner wird. In Bezug auf das spezifische Gewicht wird also der Sinn von leichtem und schwerem Benzol ein umgekehrter.

System Kohlenstoff-Wasserstoff.

Tabelle 30.

	Benzol	Phenol
Chemisch	C_6H_6	$C_6H_5(OH)$
$\left(H - \dfrac{O}{8}\right) : 1$	1 : 1	0,66 : 1
Verbrennungswärme kcal/kg	10 020	7810
Schmelzpunkt	5,5°	41°
Siedepunkt	80,5°	181°

b) Der Schwefelgehalt ist bei den Produkten dieser Art immer bedeutend kleiner und vor allem gleichmäßiger wie bei den Erdölprodukten und deshalb kaum von Bedeutung (0,4—0,7%).

c) Variation durch „Hydrierung" nennt man die Anlagerung von Wasserstoff an Benzolverbindungen. Sie bedeutet immer eine Vergrößerung von H : C und damit eine Schwächung des Benzolcharakters. Dies läßt sich z. B. erkennen an den technisch wichtigen Produkten dieser Art, dem Tetralin, chemisch Tetrahydronaphthalin:

Tabelle 31.

	Naphthalin	Tetrahydronaphthalin
Chemisch	$C_{10}H_8$	$C_{10}H_{12}$
H : C	0,8 : 1	1,2 : 1
Spezifisches Gewicht	0,967 (geschmolzen)	0,975
Schmelzpunkt	81°	—35°
Siedepunkt	218°	206°
Dampftension bei 100°	18,5 mm	30 mm
Verbrennungswärme kcal/kg	9640	10 241

Chemismus und Verbrennungswärme. Die Gesetzmäßigkeit im Chemismus, welche die Kohlenwasserstoffe, gleichviel welcher Art, in höchstem Ausmaß zeigen, steht auch zu allen übrigen Eigenschaften in engster Beziehung, vor allem zur Verbrennungswärme.

Tabelle 32.

	Spez. Gewicht	Verbrennungswärme kcal/kg	Chemische Zusammensetzung				$\left(H - \dfrac{O}{8}\right) : C$
			% C	% H	% O	% S	
Mittelbenzin	0,72	11 150	85,0	14,9	—	0,1	2,10 : 1
Petroleumgasöl	0,88	10 950	85,0	13,0	1,7	0,3	1,81 : 1
Braunkohlenteeröl	0,92	10 200	84,0	11,0	4,3	0,7	1,49 : 1
Motorenbenzol	0,87	10 100	91,5	8,3	—	0,2	1,09 : 1
Steinkohlenteeröl	1,04	9 500	89,0	7,0	3,5	0,5	0,88 : 1

Bei der restlosen Bindung des Kohlenstoffes an Wasserstoff und bei der geringen, teilweise sogar negativen Bildungswärme der Kohlenwasserstoffe erreichen diese Brennstoffe die Maximalwerte der Verbrennungswärme überhaupt, weisen aber daneben unter sich ganz spezifische Unterschiede auf. Die Größe der Verbrennungswärme nimmt zu mit dem Quotient H : C und erreicht deshalb das Maximum beim Benzin. Allgemein gesprochen haben die aliphatischen Typen immer größere Verbrennungswärme als die ringförmigen. Bei den aliphatischen ist die Abstufung in der Verbrennungswärme durch die Gesetzmäßigkeit (vgl. S. 19)

Verbrennungswärme CH_2 = 157 kcal/Mol = 11 214 kcal/kg

ziemlich regelmäßig. Bei den ringförmigen dagegen ist eine Regel weniger zu erkennen, weil diese Typen keinen Reihencharakter haben, sondern Kombinationen darstellen, bei denen der Einfluß der Bildungswärme viel größer und vor allem unregelmäßiger ist. Grundsätzlich läßt sich aber die Verstärkung oder Schwächung des Benzolcharakters in der Verbrennungswärme sehr gut erkennen. Die Unregelmäßigkeit und Verkleinerung der Verbrennungswärme bei den technischen Produkten rührt in der Hauptsache her von der Abschwächung des Kohlenwasserstoffcharakters durch den Eintritt von Sauerstoff.

Bei den vollkommen gasförmigen aliphatischen Kohlenwasserstoffen wird die Verbrennungswärme auf das Volumen bezogen und zeigt dann, entsprechend den Gasgesetzen, eine Zunahme mit dem Molekulargewicht, welch letzteres man technisch als „Fettigkeit", das ist „Kohlenstoffdichte", bezeichnet.

Tabelle 33. Verbrennungswärme kcal/cbm von:

Methan CH_4	9 530
Äthan C_2H_6	16 610
Propan C_3H_8	23 630
Butan C_4H_{10}	30 700
Benzoldampf C_6H_6	34 500

Entsprechend der Kontinuität des Aggregatzustandes kann man indessen keinen scharfen Unterschied machen zwischen den vollkommen gasförmigen und den unvollkommen gasförmigen Kohlenwasserstoffen (Benzin), wie sie z. B. im Automobilbetrieb verwendet werden. Hierbei tritt tatsächlich praktisch nur die Verbrennungswärme pro Volumeneinheit in die Erscheinung, und dasselbe gilt im übertragenen Sinne für jede Verbrennung von Kohlenwasserstoff überhaupt.

. Verhalten in der Wärme. Die Wärmebeständigkeit ist bei den Kohlenwasserstoffen ausgeprägt in einer vollkommenen Kontinuität des Aggregatzustandes und ausschlaggebend für die spezifische Eignung dieser Brennstoffe für den Betrieb von Motoren, aber auch für die Ölfeuerung, weil diese ihrem Wesen nach eine Gasfeuerung ist.

Die Beziehungen zwischen Temperatur und dem zugehörigen Aggregatzustand ergibt sinngemäß die Verwendung bestimmter Kohlenwasserstoffe in Explosionsmotoren, Dieselmotoren oder Ölfeuerungen.

Praktisch handelt es sich in den weitaus meisten Fällen um ein Verdampfen (Destillationsfähigkeit) ohne Zersetzung, in besonderen Fällen (Naphthalin, Anthrazen) um ein vorhergehendes Schmelzen. Alle die diesbezüglichen Verhältnisse sind bereits bei der Herstellung der flüssigen Brennstoffe aus den Stammsubstanzen von grundlegender Bedeutung; denn dieses Herstellungsverfahren ist immer eine fraktionierte Destillation. Die Entstehung, Unterscheidung und Verwendung der flüssigen Brennstoffe ist deshalb so klar zu übersehen wie bei keiner anderen Brennstoffklasse.

Tabelle 34.

Stamm-substanz	Destillate			Rückstand
	leichte für Verpuffungs-motoren	mittlere	schwere für Gleichdruck Motoren	für Ölfeuerung
Erdöl	Benzin bis 150°, spezifisches Gewicht 0,7—0,75	Leuchtöl 150—250°, spezifisches Gewicht 0,80—0,83	Gasöl 250—350°, spezifisches Gewicht 0,85—0,88	Heizöl spezifisches Gewicht 0,90—0,98
Stein-kohlen-teer	Leichtöl (Benzol) bis 170°, spezifisches Gewicht 0,90—0,96	Mittelöl 170—230°, spezifisches Gewicht 1,02	Schweröl 230—270°, spezifisches Gewicht 1,05	Anthrazenöl 270—350°, spezifisches Gewicht 1,10	Pech

Für praktische Zwecke, vor allem für die Art der Verwendung, unterscheidet man die vollkommen gasförmigen Kohlenwasserstoffe von den „flüssigen" oder destillationsfähigen.

Vollkommene Gase sind nur in der aliphatischen Reihe möglich, das höchste Glied (Grenzglied) dieser Art ist das Butan C_4H_{10} mit dem Siedepunkt 1°. Sie sind spezifisch „fette" Gase, werden aber nur selten in reiner Form verwendet. Dagegen bilden sie einen Hauptgemengteil aller Gase, die bei der Verkokung von fetten Steinkohlen entstehen (Kokereigas und Leuchtgas).

Die destillationsfähigen flüssigen Kohlenwasserstoffe sind nach Art und Menge die wichtigsten Vertreter des Typs überhaupt und deshalb schon immer als „flüssige" Brennstoffe in eine besondere Klasse zusammengefaßt worden. Theoretisch geht die Destillationsfähigkeit bis etwa 450° bei 760 mm, entsprechend den höchsten Siedepunkten hochmolekularer Kohlenwasserstoffe. Praktisch ist sie aber bei 350°/760 mm begrenzt, weil die bei allen Motoren angewandte Kompression die Siedepunkte in unbekanntem, aber starkem Maße erhöht, so daß sich die Destillationsfähigkeit praktisch nicht mehr auswirken kann. Ganz allgemein gilt für die Destillationsfähigkeit folgendes:

a) Der einfachste Fall, das ist: einheitlicher Siedepunkt und fast lineare Siedekurve trifft annähernd zu nur für die chemisch einheitlichen Stoffe, wie z. B. Reinbenzol, Alkohol und Naphthalin.

b) Im allgemeinen stellt sich jede Destillation dar in Form einer Siedekurve, welche gekennzeichnet ist durch die zu den Mengenanteilen gehörige Höhe und Spanne der Temperatur.

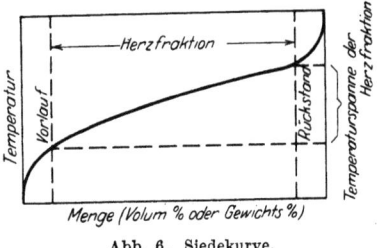

Abb. 6. Siedekurve.

Nur der Hauptanteil des Destillats ist spezifisch wichtig und wird „Herzfraktion" genannt. Dagegen sind die beiden „Schwänze" der Destillationskurve (Vorlauf und Rückstand) bedeutungslos oder sollten es wenigstens sein. Der Siedebeginn zeigt in der Kurve gewöhnlich einen steilen Anstieg, während das Siedeende sich meist in der Kurve verliert. Die Temperaturspanne der Herzfraktion soll um so enger sein, je niedriger die durchschnittliche Siedetemperatur ist: 50—75° bei niederen Siedegrenzen (Benzin usw.), 100—150° bei mittleren Siedegrenzen (Dieselmotorentreiböle).

Der Destillationsverlauf aller flüssigen Brennstoffe ist deshalb wichtig, weil vor der Verbrennung jedes Brennstoffteilchen eine fraktionierte Destillation im kleinen erfährt, die sich auswirkt in einer mehr oder minder selektiven Verbrennung. Aus diesem Grunde soll die Herzfraktion mengenmäßig überwiegen und nicht zu große Temperaturspanne zeigen. Die zum Siedebeginn gehörenden Teile dagegen neigen zu Stößen bei der Verbrennung, umgekehrt die zum Siedeende gehörenden zu schleppender oder unvollkommener Verbrennung.

Die chemische Gesetzmäßigkeit, welche alle diese flüssigen Kohlenwasserstoffe miteinander verbindet, läßt voraussehen, daß die Destillationsfähigkeit mit zunehmendem Molekulargewicht und zunehmender Verunreinigung durch sauerstoffhaltige Verbindungen graduelle Unterschiede bis zur Unvollkommenheit aufweisen muß. Daraus ergibt sich die praktische Einteilung nach Art und Verwendung:

a) Leicht und vollkommen destillationsfähige (50—150°), das sind die Automobilbetriebsstoffe.

b) Mittlere, nicht vollständig destillationsfähige (230—350°), das sind die Dieselmotorentreiböle.

c) Schwere, unvollkommen destillationsfähige (300—400°), das sind die Heizöle.

Die leicht siedenden schließen in ihren niedrigsten Gliedern (Petroläther) unmittelbar an die Gase an und sind selbst aufzufassen als unvollkommene Gase. Da ihre Herzfraktion zwischen 70—120° liegt, so erreicht die Dampftension schon bei gewöhnlicher Temperatur größere Werte und begründet die spezifische Eigenart ihrer Verwendung: durch das Mittel des „Vergasers" kann man mit diesen flüssigen Stoffen einen Gasmotor betreiben (Kraftwagen). Maßgebend für die Dampftension ist natürlich nicht der Siedepunkt, sondern ein möglichst gleichmäßiger Anstieg der Dampftension von 0° bis zum Siedepunkt, eine Bedingung, die am besten vom Benzin erfüllt wird. Im allgemeinen nimmt die Dampftension ab mit dem Molekulargewicht und besonders mit dem Sauerstoffgehalt (Alkohol). Von negativem Einfluß ist dabei die Verdampfungswärme, bei welcher wiederum der große Einfluß des Sauerstoffes zu erkennen ist.

Tabelle 35.

	Mittelbenzin spezifisches Gewicht 0,72	Benzol	Alkohol
Siedepunkt 760 mm	70—120°	81°	78°
Verdampfungswärme bei 0° in kcal/kg	125	108	255
Dampftension bei 0° (mm Q.-S.)	50	26	12
Dampftension bei 20° (mm Q.-S.)	120	75	44
Dampftension bei 50° (mm Q.-S.)	300	269	135

Die tatsächliche „Vergasung" im Motor ist auch nicht annähernd rein. Sie wird mengenmäßig verstärkt, aber qualitativ verschlechtert durch eine mechanische Tröpfchenbildung in allerfeinster Form, das ist die Vernebelung. Durch die Vernebelung bekommt das Gas des Automotors einen überfetten und unvollkommenen Charakter. Widerstände und Abkühlung in der Saugleitung, besonders aber die Kompression, führen sodann zu einer teilweisen Kondensation der schwersten, höchst unvollkommenen Gase.

Die Kondensation im Verbrennungszylinder bedeutet, daß die so ausgeschiedenen Teile nicht mehr an der Verbrennung teilnehmen. Die obere Siedegrenze liegt bei diesen Brennstoffen bei 150° bis 160°, bei den schwereren Sorten ist die Begrenzung der Herzfraktion gegen das Siedeende völlig unscharf. Das spezifische Gewicht („leichte" und „schwere" Sorten) ist nur bei Benzin gleicher Herkunft ein annähernder Vergleichsmaßstab.

Die mittleren Destillate mit einem Siedebereich von 250 bis 350° umfassen die Treiböle für Dieselmotoren, welche vereinzelt auch als Heizöle leichtester Art gebraucht werden. Es gehören dazu das Petroleumgasöl, das Braunkohlenteeröl (Paraffinöl) und das mittelschwere Steinkohlenteeröl.

Die Herzfraktion für den Dieselmotor liegt zwischen 250—300°. Anteile unter 250° siedend und herunter bis 220° kommen fast nur im leichtesten Gasöl vor. Dagegen schließen sich an die Herzfraktion meist mengenmäßig bedeutende Anteile bis zu 350° Siedepunkt an. Diese Anteile sind nicht vollkommen destillationsfähig, sondern zeigen leichte Zersetzungserscheinungen (Verkokung) mit typischen Unterschieden, je nach der chemischen Konstitution. Die aliphatischen Typen (Gasöl und Braunkohlenteeröl) sind in höherem Maße destillationsfähig und werden nur durch sauerstoffhaltige Verunreinigungen unvollkommen. Die ringförmigen Typen dagegen (Steinkohlenteeröle) sind ganz allgemein unvollkommener in der Destillation. Ein Steinkohlenteeröl ist deshalb auch bei gleichen Siedegrenzen immer ein „schwereres" Treiböl als das entsprechende Gasöl oder Braunkohlenteeröl.

Im Dieselmotor selbst erfolgt die Verdampfung in jedem Fall noch schwerer, weil durch die Kompression (30—35 at) die Siedepunkte sehr stark erhöht werden. Genaueres darüber ist nicht bekannt, aber man gewinnt ein ungefähres Bild, wenn man berücksichtigt, daß der Siedepunkt eines leicht destillierbaren Stoffes, wie des Wassers, sich unter 20 at Druck auf 211° erhöht. Die Siedepunktserhöhung ist bei den ringförmigen Typen als höher anzunehmen wie bei den aliphatischen.

Die Verdampfung der Treiböle im Dieselmotor ist deshalb eine verzögerte und unvollkommene. Dies bedeutet, daß nebenher eine Art von Ölgasbildung stattfindet, d. h. ein leichtes Aufspalten der großen Moleküle. Diese Aufspaltung erfolgt bei den aliphatischen Typen leicht und ohne Kohlenstoffabscheidung, bei den ringförmigen dagegen muß sich zwangsläufig auch Kohlenstoff dabei abscheiden.

Die Kohlenstoffabscheidung erfolgt im Anfangsstadium und in der feineren Form als Ruß, im schwersten Stadium und mit fortschreitendem Wachstum als Ölkoks auf dem Kolben.

System Kohlenstoff-Wasserstoff. 85

Die höchstsiedenden und unvollkommen destillationsfähigen Typen sind die als Heizöle verwendeten Brennstoffe. Es sind dies die schweren Steinkohlenteeröle einschließlich dünnflüssiger Teere sowie die höchsten Fraktionen und die Destillationsrückstände des Erdöls. Der Siedebeginn dieser Brennstoffe liegt bei 300°, die Herzfraktion zwischen 325—375°, während sich das Siedeende bis gegen 400° erstreckt und sich sodann in Zersetzung (Verkokung) verliert.

Die stark unvollkommene Dstillationsfähigkeit ist bei den Steinkohlenteerprodukten dieser Art bedingt durch das hohe Molekulargewicht, bei den Erdölprodukten in der Hauptsache durch die sauerstoffhaltigen Verunreinigungen. Ganz allgemein bedingen schon die hohen Siedepunkte örtliche Überhitzungen, welche ebenfalls zu Zersetzung einzelner Teilchen führen.

Verbrennung. Die Zersetzung verläuft immer so, daß der wärmeunbeständige Stoff sich spaltet in zwei entgegengesetzte, wärmebeständige Formen, nämlich Kohlenstoff, das ist Ölkoks einerseits und andererseits Ölgas, das sind vollkommen gasförmige Kohlenwasserstoffe von niedrigem Molekulargewicht. Der ganze Vorgang setzt nicht plötzlich ein, son-

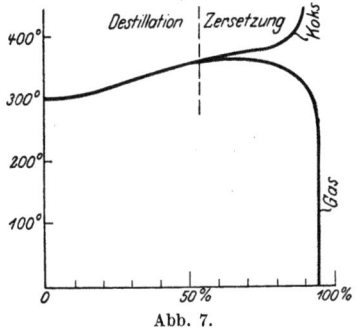

Abb. 7.

dern prägt sich mit steigender Temperatur immer schärfer aus. Die Siedekurve weist in anschaulicher Darstellung eine Spaltung in eine aufsteigende Kurve der Verkokung und in eine absteigende der Gasbildung auf (Abb. 7).

Trotz der stark unvollkommenen Destillationsfähigkeit bewältigt die Ölfeuerung diese Brennstoffe ungleich besser als der Dieselmotor die weitaus leichteren Treiböle. Das erklärt sich daraus, daß in der Ölfeuerung, die sich ja unter gewöhnlichem Luftdruck vollzieht, keine Siedepunktserhöhung stattfindet, und weiterhin dadurch, daß jedes Ölteilchen eine verhältnismäßig lange Zone von gleichmäßig hoher Temperatur durchläuft. Die entstehenden Koksteilchen werden entweder mit den Rauchgasen fortgetragen oder — ähnlich wie bei der Kohlenstaubfeuerung — durch die Blaswirkung der Luft schnell und vollständig verbrannt. Die Ölfeuerung selbst ist ihrem Wesen nach eine Gasfeuerung. Ölteilchen, die in flüssigem Zustand herausgeschleudert werden, unterliegen an den heißen Wänden sofort einer Zersetzung (Verkokung), die unvermittelter und deshalb stärker ist wie die oben geschilderte in der heißen Gaszone.

Faßt man das Verhalten der Brennstoffteilchen vor der Verbrennung, also die fraktionierte Verdampfung — und teilweise Zersetzung durch Wärmeunbeständigkeit — zusammen, so ergibt sich, daß auch die Verbrennung der wärmebeständigen Kohlenwasserstoffe in keiner Form ein vollständig einheitlicher Vorgang ist. Die Verbrennung ist vielmehr in sich selbst auch fraktioniert.

$$\frac{\text{Dreiecks-Höhe}}{\text{Dreiecks-Basis}} = \frac{\text{Wasserstoff}}{\text{Kohlenstoff}}$$

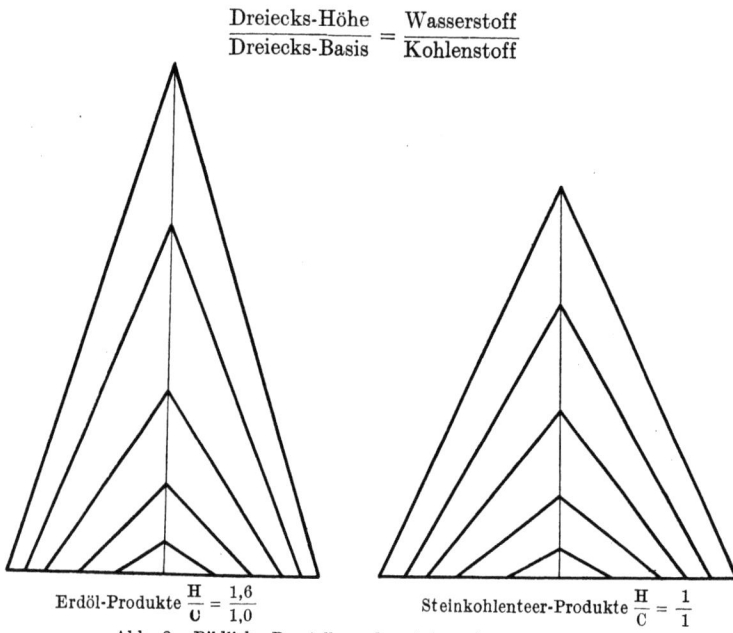

Erdöl-Produkte $\frac{H}{C} = \frac{1,6}{1,0}$ Steinkohlenteer-Produkte $\frac{H}{C} = \frac{1}{1}$

Abb. 8. Bildliche Darstellung der stufenweisen Verbrennung.

Die zuerst verdampfenden wasserstoffreicheren Moleküle verbrennen zeitlich immer vor den schwereren wasserstoffarmen. Im zeitlichen Verlauf der Verbrennung nähert sich jedes Brennstoffteilchen deshalb immer mehr einem wasserstoffarmen Stumpf und schließlich einer Kohlenstoffabscheidung in Form von Ruß oder Ölkoks.

Bildlich kann man sich dies veranschaulichen, wenn man das Verhältnis Kohlenstoff : Wasserstoff als Basis bzw. Höhe eines Dreiecks aufträgt. Würde die Verbrennung ideal, d. h. ganz gleichmäßig fortschreitend verlaufen, so würde das Dreieck ebenfalls ganz gleichmäßig zu immer kleineren ähnlichen Dreiecken zusammenschrumpfen und schließlich verschwinden. In Wirklichkeit schrumpft das Dreieck wohl zusammen, aber nicht gleichmäßig. Die Höhe des Dreiecks, die dem Wasserstoff entspricht, nimmt schneller ab als die Basis, die dem Kohlenstoff entspricht. Es entstehen deshalb bei fortschreitender Verbrennung immer stumpfere Dreiecke, und schließlich bleibt ein Teil der Basis unverbrannt zurück. Es gibt für den Verlauf der Verbrennung von Kohlenwasserstoffen tatsächlich keine bessere Anschaulichkeit als diesen Vergleich mit einer Stumpfbildung.

Die Betriebspraxis der Motoren gibt übrigens für alle diese Vorgänge noch ein sehr anschauliches Beispiel in der Schmierung. Die reinen Mineralöle, mit denen die Verbrennungszylinder geschmiert werden, sind hochsiedende Erdölfraktionen, der Art nach also nicht verschieden von dem Gasöl, das als Brennstoff verwendet wird. Es liegt ein Widerspruch darin, wenn man vom Schmieröl fordert, daß es sich an der Verbrennung nur wenig beteiligt, aber gleichzeitig von den höchstsiedenden Anteilen des Treiböls eine vollständige Verbrennung erwartet. In Wirklichkeit zeigen sich hier die Grenzen der Verbrennung: von den Brennstoffen bleiben die schwersten Teile unverbrannt zurück, während vom Schmieröl leichtere Teile abgespalten und verbrannt werden.

11. System Kohlenstoff-Wasserstoff-Sauerstoff.

Natürliches Vorkommen und äußere Eigenschaften. Die Brennstoffe dieser Art[1]) sind durchweg natürliche und von pflanzlicher Herkunft und scheiden sich in zwei Klassen von ungleicher technischer Bedeutung:

a) das gegenwärtige Wachstum, das sind Holz oder ganz allgemein holzähnliche Pflanzenstoffe,

b) vergangenes Wachstum, das sind die „fossilen" Brennstoffe oder Kohlen einschließlich Torf.

Die hierher gehörenden künstlichen Brennstoffe — Preßkohlen oder Briketts — entstehen durch Veredlung (Trocknung, Verdichtung und Formgebung) und weisen deshalb nur äußerliche, aber keine chemischen Unterschiede gegenüber den Rohstoffen auf.

Die Entstehung der fossilen Brennstoffe — Kohlenbildung — erfolgt in einer geologischen Entwicklungsreihe, welche mit dem Torf, als dem jüngsten Produkt, beginnt und über Braunkohle, Steinkohle, Magerkohle, Anthrazit bis zum Graphit als dem letzten Glied, führt. Diese Hauptarten sind durch eine ununterbrochene Reihe von Übergangsformen miteinander verknüpft. Die Gesetz-

---

[1]) Im nachfolgenden wird der Ausdruck „Kohlen" im übertragenen Sinn für alle Brennstoffe dieser Art, also auch für Holz und Torf gebraucht.

mäßigkeit und Abstufung dieser Entwicklung bildet die Grundlage für jede Erkenntnis dieser Brennstoffe.

Die Tendenz der Kohlenbildung ist ein Abbau von komplizierten, charakteristischen Kohlenstoffverbindungen, vorwiegend Zellulose $C_6H_{10}O_5$ zu immer einfacheren stumpfer werdenden Formen. Der Vorgang ist dem Sinne nach eine sehr langsame Auflösung der Kohlenstoffverbindungen in der Richtung der Wärmebeständigkeit: es bilden sich einfache Verbindungen von Wasserstoff und Sauerstoff mit dem Kohlenstoff einerseits, und andererseits findet eine Anreicherung des Kohlenstoffes statt. Dementsprechend sind die Produkte der Abspaltung:

a) im ersten Stadium Wasser und Kohlensäure (schwere Wetter),
b) im zweiten Stadium Kohlenwasserstoffe (schlagende Wetter),
c) im dritten Stadium Wasserstoff.

Der Prozeß hängt letzten Endes genau so wie die Verkokung mit der Wärmeunbeständigkeit der Kohlenstoffverbindungen zusammen. Die Kohlenbildung ist der äußerste und gelinde Anfang der Zersetzung, die Verkokung das letzte und schärfste Ende. Der Unterschied zwischen beiden liegt in der Resultante der wirksamen Kräfte, das sind Temperatur und Druck, und in der Geschwindigkeit, die in der Natur unendlich klein ist. Die Kohlenbildung vollzieht sich im Gegensatz zu der Verkokung bei gelinden Temperaturen, aber hohen Drucken und während unendlich langer Zeiträume.

Die Folge ist, daß sich die Zersetzung sehr „schonend" vollzieht und selbst in den stumpfen, wasserstoffarmen Formen der Charakter einer Kohlenstoffverbindung erhalten bleibt. Auch die ältesten und tief schwarzen Formen der Kohle enthalten keinen „freien" Kohlenstoff, dagegen eine Kohlenstoffanreicherung im Molekül, die bei den synthetischen Stoffen der aliphatischen Reihe nicht erreicht werden kann.

Der allgemeinste Grundstoff der Kohlenbildung, das ist die Zellulose $C_6H_{10}O_5$, hat den festen Aggregatzustand, und folgerichtig müssen auch alle ihre Abbauprodukte, als von noch höherem Molekulargewicht, den festen Aggregatzustand haben. Der Aggregatzustand ist aber nicht allein fest, sondern darüber hinaus ausgeprägt in äußeren Eigenschaften, die man als „mineralische" bezeichnen kann. Der Name „Stein"kohle und die Bezeichnung „Kohlenblende" für Anthrazit sind darauf zurückzuführen.

Diese mineralischen Eigenschaften und ihre Abstufung mit dem geologischen Alter sind:

a) Dichte, Härte und Druckfestigkeit, schwarze bis metallisch glänzende Farbe, nehmen mit dem Alter zu.

b) Die äußerlich erkennbaren Merkmale der Pflanzenstruktur nehmen mit dem Alter ab.

Diese mineralischen Eigenschaften sind verbrennungstechnisch von Bedeutung, weil sie den Intensitätsfaktor für die Reaktionsfähigkeit des festen, stückigen Brennstoffes darstellen. Alle chemischen Vorgänge, die zu der Verbrennung der Kohle gehören, sind Oberflächenreaktionen und als solche beschränkt durch:
1. die Größe der Oberfläche,
2. die Kohäsionskräfte, welche einer Vergrößerung der Oberfläche entgegenwirken,
3. die geringe Wärmeleitfähigkeit der Kohlen[1]).

Die thermische Zersetzung der Kohlen kann deshalb nur an begrenzter Oberfläche einsetzen und schreitet von da nach innen sehr langsam fort, so z. B. bei der sehr starken thermischen Einwirkung im Koksofen nur um wenige Zentimeter pro Stunde. Die Kohlen „platzen" deshalb auch nicht bei der Erwärmung, wie man es bei der Menge der sich entwickelnden Gase annehmen könnte, sondern bei der von außen nach innen fortschreitenden Zersetzung bildet sich in der gleichen Richtung eine Porosität aus, welche den von innen kommenden Zersetzungsprodukten den Austritt gestattet. Ist diese Zersetzung bis zum innersten Punkt fortgeschritten, d. h. vollendet, so hat sich die Oberfläche gleichzeitig durch die Porosität vervielfacht. Die Kohäsionskräfte dagegen werden fast unverändert in die neue Form des Koks übergeleitet, wenn die Rohkohle eine backende war. D. h. in diesem Fall bleiben Form und Größe des Stückes nahezu unverändert erhalten.

Die Wärmeleitfähigkeit zeigt bei den einzelnen Kohlenarten nur geringe, die Festigkeit größere Unterschiede. Da beide für eine und dieselbe Kohlenart als konstant angenommen werden können, so bleibt der Technik als wirksamstes Mittel für die Steigerung der Verbrennungsgeschwindigkeit immer nur die Vergrößerung der Oberfläche, das ist die Stückelung der Kohle.

Die hauptsächlichsten Stückelungen oder Korngrößen der Kohle sind die Stückkohle, die Nußkohle und die Feinkohle. Da aber bei der Verbrennung immer 2 Rohstoffe wirksam sein müssen, nämlich Kohle und Luft, so ist die Gesamtoberfläche, welche sich mit abnehmender Korngröße vergrößert, nicht das allein Entscheidende. Die Kohle liegt immer geschichtet auf dem Rost, so daß sich die Oberflächen teilweise wieder verdecken und an solchen Stellen keinen Zwischenraum für den anderen Rohstoff,

---

[1]) Die Wärmeleitfähigkeit der Kohle ist 0,0020—0,0030, bezogen auf die Wärmeleitfähigkeit des Eisens = 1.

d. h. die Luft, lassen. Entscheidend ist deshalb nicht die gesamte Oberfläche, sondern das Verhältnis zwischen gesamter und freier Oberfläche.

Das Maximum an freier Oberfläche ergibt sich für geschichtete Kugeln von gleichem Radius, das Minimum = 0 für Würfel von gleicher Kantenlänge, die bei regelmäßiger Schichtung überhaupt keine freie Oberfläche mehr haben. Da die Kohlenstücke niemals die mathematische Form des Würfels oder der Kugel haben, sondern ganz unregelmäßig und ungleichartig gestaltet sind, und noch dazu selbst bei gleicher Sortierung der rohe Durchmesser des Korns verschieden ist, so läßt sich das Verhältnis von freier zu gesamter Oberfläche mathematisch nicht darstellen. Aber es läßt sich voraussehen, daß bei solchen unregelmäßigen Formen immer eine Schichtung mit Zwischenraum erfolgt, so daß in grober Annäherung das Verhältnis von freier zu gesamter Oberfläche durch das Volumen wiedergegeben wird.

Es ergibt sich sodann:

1. Stückkohlen haben das größte Volumen, das bedeutet: kleinste Gesamtoberfläche, aber sehr viel freie Oberfläche.
2. Feinkohlen haben das kleinste Volumen, das bedeutet: sehr große Gesamtoberfläche, aber vielfache Berührung der Flächen und deshalb geringe freie Oberfläche.
3. Nußkohlen haben das günstigste Volumen von mittlerer Größe. Die Gesamtoberfläche ist ein Vielfaches der Stückkohlen, ohne daß aber die Berührung der einzelnen Flächen in so viel Punkten erfolgt wie bei der Feinkohle.

Das Maximum an gesamter und freier Oberfläche ergibt sich bei der Verfeuerung der Kohlen in Staubform. Da jedes Staubteilchen frei schwebt, so ist die gesamte Oberfläche gleich der freien. Die Staubfeuerung ist diejenige Form der Kohlenverbrennung, welche die günstigsten Bedingungen für die Oberflächenreaktionen hat und deshalb die größte Reaktionsgeschwindigkeit entwickelt.

Aus der freien Oberfläche und der Masse eines Kohlenteilchens ergibt sich im einfachsten Fall als der Quotient

$$\frac{\text{freie Oberfläche}}{\text{Volumen} \times \text{spezifisches Gewicht}}$$

als der eigentliche Sinn der „Brenngeschwindigkeit" bei den Kohlen. Für einen Brennstoff von bestimmter Dichte und von bestimmter Verbrennungstemperatur läßt sich daraus nach Rosin die Brennzeit gesetzmäßig ableiten[1]).

---

[1]) Rosin: Die thermodynamischen und wirtschaftlichen Grundlagen der Kohlenstaubfeuerungen. Halle 1925.

System Kohlenstoff-Wasserstoff-Sauerstoff.

Die mineralischen Eigenschaften der Oberfläche, welche weiter oben als der Intensitätsfaktor der Oberflächenreaktion bezeichnet wurden, wirken bei der Verbrennung um so günstiger, je weniger sie ausgeprägt sind. Praktisch gelten deshalb die jüngeren Kohlen immer als „leichte", während die älteren, bei denen die mineralischen Eigenschaften stark ausgeprägt sind, als „schwere" Brennstoffe bezeichnet werden. Der Einfluß der äußeren Eigenschaften ist also bei den Kohlen viel größer, als ihn der feste Aggregatzustand an und für sich erwarten läßt. Diese im Sinne einer chemischen Reaktion grobe Beschaffenheit der Kohle wird noch verstärkt durch den Umstand, daß die Summe der unverbrennlichen Bestandteile, Wasser und Asche, immer einen erheblichen Unterschied zwischen Rohkohle und Reinkohle bedingt. Die brennbare Substanz der Kohle ist, bildlich gesprochen, immer mit Wasser und Asche „verdünnt". Es kommt deshalb zu der Beschränkung der Verbrennungsgeschwindigkeit durch die Oberfläche noch eine weitere durch verminderte Konzentration der brennbaren Substanz.

Die Gesetzmäßigkeiten, welche die Kohlen in der chemischen Zusammensetzung, in der Verbrennungswärme und in der Verkokung zeigen, beziehen sich immer auf die wasser- und aschefreie oder Reinsubstanz (vgl. S. 12). Da die chemische Zusammensetzung der Asche stark abhängig ist von der Temperatur, so ist die brennbare oder Reinsubstanz um so weniger scharf zu umgrenzen, je größer der Aschengehalt ist. Es zeigen sich deshalb zwischen den besten und den minderwertigen Sorten ein und derselben Kohle meist größere Abweichungen in der Konstanz der Reinkohle, als sie von Natur aus gegeben sind.

Die Verkokung. Die Wärmeunbeständigkeit der Kohle bedingt, daß keine ihrer Eigenschaften und keine ihrer Konstanten als Summe wirksam wird. Jede Eigenschaft und jede Konstante teilt sich vielmehr und verteilt sich dabei auf die Produkte der Zersetzung: Koks und flüchtige Bestandteile.

Der Charakter der Kohle ist tatsächlich nur in der Verkokung begründet bzw. wird erst durch die Verkokung entwickelt. Diese Erkenntnis ist deshalb unser ältestes Wissen von der Kohle überhaupt. Sie war gegeben, lange bevor die chemische Zusammensetzung und Verbrennungswärme der Kohle bekannt waren.

Die Bezeichnung und Einteilung der Steinkohle hat sich deshalb schon immer auf die Verkokung begründet und in dieser Form bis heute erhalten. Dieses Einteilungsprinzip ist richtig, weil die Wärmeunbeständigkeit die wichtigste Eigenschaft der Rohkohle ist, aber es muß folgerichtig auch auf Braunkohle und Torf aus-

Die chemische Systematik.

gedehnt werden. Die quantitative Zersetzung der Kohlen in zwei wärmebeständige Produkte erhält ihre technische Bedeutung aber

Tabelle 36.

Einteilung der Kohlen nach Schondorff[1]).

Flüchtige Bestandteile	Art und genetische Folge der fossilen Brennstoffe		Beschaffenheit	
			des Koksrückstandes	der flüchtigen Bestandteile
— %	Torf	heller Fasertorf	feinkörnig zerfallend	matt langflammig
— 60		dunkler Torf		
		Specktorf		
	Braunkohle	jüngere lignitische	feinkörnig zerfallend	matt langflammig
— 50		ältere dichte		
	Trockene oder unterbituminöse Steinkohlen	Sand- oder Sinter-Kohlen	gesintert	lange, aber matte Flamme
— 40				
	Fette oder bituminöse oder spezifische Steinkohlen	Gasflammkohlen	backend mit Blähung	lange, stark leuchtende Flamme
— 30		Gaskohlen	backend	verhalten langflammig
		Koks- oder Fett-Kohlen	kompakt backend	kurze, stark leuchtende Flamme
— 20				
	Magere halb-bituminöse und anthrazitische Steinkohlen	Eß-Kohlen Mager-Kohlen	gefrittet	kurze, wenig leuchtende Flamme
— 10				
		Anthrazite	sandig	kurze, blaue Flamme

erst dadurch, daß sie mit qualitativen Feststellungen verbunden wird, nämlich

a) Beschaffenheit, d. i. Dichte und Festigkeit des Koks,
b) Wertigkeit der flüchtigen Bestandteile.

---

[1]) Mit Ergänzungen des Verfassers.

Unter diesem Gesichtspunkt ist die bekannte Einteilung der Kohlen nach Schondorff zu verstehen, welche noch heute die gebräuchliche ist. Sie ist in Tabelle 36 dargestellt im Maßstab der flüchtigen Bestandteile und in Ausdehnung auf Braunkohle und Torf.

Da die Mengen der beiden Zersetzungsprodukte, fixer Kohlenstoff, das ist Koks, und flüchtige Bestandteile, das ist Gas, immer im umgekehrten Verhältnis zueinander stehen, so ergibt erst die Einbeziehung der qualitativen Eigenschaften beider die wirkliche Erkenntnis der Kohlen. D. h. es muß sich innerhalb der Gesamtheit der Kohlen eine mittlere Linie ergeben, welche das beste Mengenverhältnis zwischen Koks und Gas mit den besten Eigenschaften von Koks und Gas verbindet. Auf dieser mittleren Linie liegen die fetten oder backenden Kohlen.

„Backend" und „fett" sind deshalb zwei miteinander verbundene Bezeichnungen für ein- und dieselbe Art der Steinkohlen. Nach der Bedeutung, welche die backenden und fetten Kohlen für die technische Verkokung im großen und in gleicher Weise für die technische Verbrennung haben, sind diese Kohlen als die „spezifischen" Steinkohlen anzusehen. Sie nehmen innerhalb der Gesamtheit aller Steinkohlen diese bevorzugte Stellung ein, weil sie das beste, mittlere Verhältnis zwischen der Menge und Beschaffenheit der beiden Zersetzungsprodukte Koks und Gas aufweisen.

Die spezifischen Steinkohlen sind eine Klasse für sich, haben aber als solche wiederum Variationen und Abstufungen qualitativer und quantitativer Art, wie sie schon durch Schondorff gekennzeichnet worden sind. Den Mittelpunkt der ganzen Einteilung bildeten nach Schondorff die „Schmiedekohlen". Tatsächlich ist der Begriff der Schmiedekohlen nur indirekt zu definieren durch die Stellung zwischen Gasflammkohlen und Kokskohlen, so daß er zweckmäßig heute durch den Begriff Gaskohle ersetzt ist. Darin kommt zum Ausdruck, daß der Übergang von der Gasflammkohle bis zur Fettkohle sich in zahlreichen Übergängen ohne scharfe Abgrenzung vollzieht.

Übergänge bestehen im übrigen durchgängig bei sämtlichen Arten der Kohle, so z. B. Eßkohle zwischen Koks- und Magerkohle, oder die Saarkohle zwischen trockenen Steinkohlen und Gasflammkohlen.

Bezeichnet man die spezifischen Steinkohlen nach ihrer Entstehungszeit als die „mittleren", so sind sowohl die älteren wie die jüngeren Formen der fossilen Kohle dadurch gekennzeichnet,

daß sie einen Koks ohne Festigkeitseigenschaften ergeben[1]). Da aber im übrigen keine Gemeinschaft, sondern stärkster Gegensatz zwischen jüngeren und älteren Kohlen besteht, so geht man bei der gebräuchlichen Gesamtbezeichnung der Kohlen überhaupt nicht vom Koks aus, sondern vom Gas und hat dafür die Ausdrücke mager, fett und trocken geprägt. Unvollkommen ist dabei insbesondere der Ausdruck „trocken", der natürlich mit Wassergehalt nichts zu tun hat. Besser ist deshalb die amerikanische Bezeichnung, welche für fett „bituminös" setzt und damit zu folgender Einteilung gelangt:
trocken = subbituminös,
fett = bituminös,
mager = semibituminös.

Unter „Bitumen" versteht man Bestandteile von chemisch nicht bekanntem Charakter, die sich dadurch auszeichnen, daß sie sich aus der Kohle mit Benzol, Pyridin und anderen Lösungsmitteln direkt extrahieren lassen. Die Menge der bituminösen Stoffe schwankt je nach der Wahl des Lösungsmittels und dem angewandten Druck, ist aber bei Braunkohlen durchweg größer wie bei Steinkohlen. Die chemische Konstitution des Bitumens im einzelnen ist nicht bekannt, ebensowenig wie die Menge des Bitumens durch Lösungsmittel erschöpfend erfaßt werden kann. Soviel aber erscheint sicher, daß der Fettcharakter einer Kohle zu erheblichem Teil im Bitumen begründet ist. Aus diesem Grunde ist die obige amerikanische Einteilung gut, weil sie den bituminösen oder fetten Charakter in allen Kohlen annimmt, ihn aber gleichzeitig dem Grade nach sehr scharf unterscheidet.

Die qualitativen Unterschiede der mageren, fetten und trockenen Gase sind damit aber noch nicht umfassend erklärt; denn der Bitumengehalt der Kohle, im wahren oder übertragenen Sinne, steht immer nur in Beziehungen zu dem Gehalt an Kohlenwasserstoffen, und der verschiedene Gehalt an Kohlenwasserstoffen bedingt eben den Unterschied zwischen mager, fett und trocken.

Der tiefere und umfassende Unterschied aber ist darin begründet, daß der Kohlenstoff 3 Arten von gasförmigen Verbindungen ergibt, nämlich:

---

[1]) Das Holz nimmt scheinbar eine Ausnahmestellung ein insofern, als sein Verkokungsprodukt, die Holzkohle, eine erhebliche Festigkeit besitzt. Dies ist jedoch nicht zurückzuführen auf eine „Backfähigkeit" des Holzes, sondern auf die Strukturfestigkeit, welche auch durch die Verkohlung nicht vollständig zerstört werden kann. Das geht auch daraus hervor, daß beim Verkohlen des Holzes die Stückelung vollkommen erhalten bleibt und nicht, wie bei den Kohlen, die einzelnen Stücke sich durck Backen gegenseitig verbinden.

a) Kohlenwasserstoffe,
b) Kohlenoxyd (Wassergas),
c) Kohlensäure, das ist verbranntes Wassergas.

Wie bereits im Abschnitt Kohlenoxyd (S. 70) ausgeführt, liegt darin der grundsätzliche Unterschied zwischen den gasförmigen Zersetzungsprodukten der Kohlen:

mageres Gas = überwiegend Wassergas,
fettes Gas = überwiegend Kohlenwasserstoffe mit wenig Wassergas,
trockenes Gas = Kohlenwasserstoff mit wenig Wassergas und mehr verbranntem Wassergas.

Die thermische Zersetzung der Kohle stellt sich dar als die Resultante aus Temperatur und Zeit und aus dem chemischen Gleichgewicht zwischen den Zersetzungsprodukten selbst. Sie kann deshalb kein einheitlicher Vorgang sein, wohl aber ist sie ganz eindeutig in bezug auf ihre chemische Tendenz. Macht man bei der Verkokung in bezug auf Temperatur und Zeit einen „Ausschnitt" oder eine Begrenzung, so müssen sich Zwischenstadien und Zwischenprodukte ergeben. Das sind besonders alle Produkte der Schwelerei und Halbkokerei, die aber aus demselben Grunde niemals so einheitlich sein können wie die Produkte der Garkokerei. Macht man solche „Ausschnitte" nicht, sondern verkokt bis zu Ende, so muß die Kohle alle Zwischentemperaturen und Zwischenstadien „durchlaufen". Die chemische Substanz „flüchtet" sich dabei in Verbindungen von zunehmender Wärmebeständigkeit und zunehmender Einfachheit des Aufbaues. Das ergibt zum Schluß mineralisch harten, nahezu reinen Kohlenstoff und ganz einfache Gase.

Daraus ergeben sich die beiden Hauptformen der technischen Verkokung:

a) Die Verkokung im hergebrachten Sinne des Wortes, das ist die forcierte und vollständig zu Ende geführte. Sie gibt den vollständig ausgestandenen Hart- oder Garkoks.

b) Die Tieftemperaturverkokung oder Schwelung, ausgeführt bei langsam ansteigender Temperatur und unter Vermeidung der Überhitzung (Drehrohrofen) ist das Anfangs- oder Halbstadium der Verkokung. Diese Verfahren liefern den unvollkommen ausgestandenen Schwelkoks oder Halbkoks und daneben Teer und Gas in der Urform.

In den Zwischenstadien treten Verbindungen auf, die innerhalb der gegebenen Temperatur — also begrenzt — wärmebeständig sind. Charakteristisch dafür sind besonders alle Teerbildner (S. 105).

Die chemische Tendenz bei der Zersetzung läßt sich deshalb dahin aussprechen, daß die Kohle bei der Verkokung in schnellster Folge Stadien einer künstlichen „Alterung" durchmacht durch alle

Stufen, die ihrer eigenen Altersstufe folgen. Immer ist deshalb das bei der Verkokung entstehende Gas zu Anfang „trocken" (kohlensäurehaltig), dann „fett" und schließlich „mager", während andererseits der Koks alle Stadien des Entstehens durchmacht vom Schwelprodukt bis zum Garkoks.

Dadurch wird — in übertragenem Sinne — das Backvermögen von den spezifischen Fettkohlen teilweise rückwärts ausgedehnt auf die jüngeren Steinkohlen und sogar auf Braunkohlen und Torf. D. h. die unvollkommene Verkokung (Schwelerei) und die Tieftemperaturverkokung kann auf alle Vorläufer der Fettkohle ausgedehnt werden, und der entstehende Halbkoks ist, wenn auch nicht fest, so doch zusammenhängend.

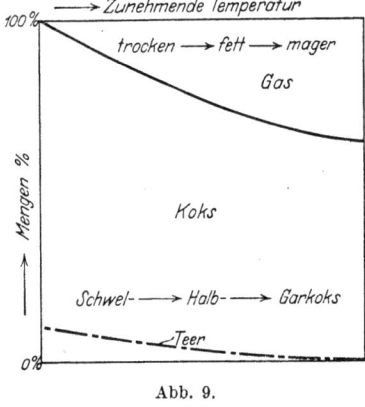

Abb. 9.

Nahezu einheitlich verläuft nur die mit den stärksten Mitteln der Zersetzung arbeitende Hüttenkokerei. Dagegen sind bei der Verkokung von Kohlen zur Herstellung von Leuchtgas die Variationen schon sehr deutlich. Bei der Halbkokerei und Schwelerei endlich sind die Variationen nach Zahl und Art kaum zu übersehen.

Die Eigenart der Verkokung tritt noch viel stärker hervor bei der gewöhnlichen Verfeuerung der Kohlen auf dem Rost, hier sind ihre Formen außerordentlich vielfältig. Es läßt sich voraussehen, daß auf dem Rost die Verkokung weder zeitlich noch örtlich einheitlich verläuft, sondern „Ausschnitte" aus allen Zwischenstufen aufweist, die überhaupt nur möglich sind. Im Kohlenfeuer machen sich deshalb die Produkte der Schwelung und Halbverkokung, insbesondere die Teerbildner, immer deutlich bemerkbar. Wenn die Entgasung nicht ihre unmittelbare und störungsfreie Fortsetzung in der Verbrennung findet, so werden solche Schwelprodukte ausgeschieden in der Form von Ruß und Rauch.

Ebenso ist auch das Entstehen des Koks niemals gleichmäßig fortschreitend und einheitlich, so daß unvollkommen verkokte Stücke in erheblicher Menge nach der Verbrennung in den Rückständen zurückbleiben.

Diese Vielfältigkeit der Verkokung nimmt dem Grade nach ab, je höher die Temperatur im Verbrennungsraum und damit die

Endtemperatur der Verkokung selbst ist. Da nun zwischen Verbrennungstemperatur (Verbrennungswärme) und Gehalt an flüchtigen Bestandteilen direkte Beziehungen bestehen, so ergibt sich, daß die „Unruhe" der Verbrennung, deren äußere Kennzeichen Ruß, Rauch usw. sind, bei den jüngeren Kohlen immer größer ist als bei den älteren, mageren.

Umgekehrt ist aber auch die Verbrennungsgeschwindigkeit (Reaktionsgeschwindigkeit) des Koksrückstandes um so größer, je geringer der Koksrückstand ist und je weniger er ausgestanden ist. Beides hängt gleichsinnig zusammen, wie aus dem Vergleich der jüngeren Kohlen mit den älteren sich ergibt. Für die zwei Phasen der Kohlenverbrennung ergibt sich deshalb die folgende allgemeine Regel:

1. Bei den jüngeren Kohlen werden die flüchtigen Bestandteile leicht entwickelt, verbrennen aber eben deshalb unruhig und unvollkommen, während die Vergasungsreaktion des Koksrückstandes durch ihre vorteilhaft große Geschwindigkeit ausgezeichnet ist.

2. Bei den älteren Kohlen entwickeln sich die flüchtigen Bestandteile langsamer und erst bei höheren Temperaturen und verbrennen wegen ihres einfachen Charakters sehr vollkommen. Der Koksrückstand dagegen besitzt nur eine geringe Reaktionsgeschwindigkeit.

Da die Kohlen — wenn man von der Staubfeuerung absieht — ein Brennstoff von beschränkter Oberfläche sind, so ist sehr wesentlich, daß diese Oberfläche als freie Oberfläche während der Verbrennungsvorgänge erhalten bleibt. Das trifft vollkommen nur zu für die wirklich backenden Kohlen, weil bei diesen das Stück als solches bestehen bleibt. Praktisch dehnt sich aber die Backfähigkeit nach rückwärts auch auf die jüngeren Kohlen aus, weil diese eben durch die Verkokung im Feuer selbst „altern" und dann bis zu einem gewissen Grade Backfähigkeit „annehmen". Nicht bakkend im strengsten Sinne des Wortes sind deshalb nur die mageren und anthrazitischen Kohlen, weil diese bei der Zersetzung keine Stufe von größerer Backfähigkeit vor sich haben, sondern sich in Richtung auf Kohlenstoff und ganz einfache Gase zersetzen.

Chemismus. Die chemische Zusammensetzung der Kohlen oder, richtiger gesagt, ihre Konstitution ist noch wenig bekannt. Unter technischen Gesichtspunkten betrachtet, steht diese Frage indessen nicht an erster Stelle. Für die Technik ist die Zusammensetzung der Kohle nichts weiter als eine Summe, die ihre eigentliche Bedeutung erst durch die „Aufteilung" bei der thermischen Zersetzung erlangt.

Grundsätzlich wichtig sind deshalb in chemischer Hinsicht nur folgende Feststellungen:

a) Die Zellulose $C_6H_{10}O_5$ oder ganz allgemein die Pflanzenstoffe, aus denen die Kohle entstanden ist, sind aliphatischer Art. Das gleiche gilt für die Kohle selbst und für ihre ursprünglichen Zersetzungsprodukte.

b) Die Kohlen sind in ihren älteren Formen kohlenstoffreicher als alle bekannten sauerstoffhaltigen Kohlenstoffverbindungen, welche künstlich hergestellt werden können. Die Kohlen enthalten jedoch auch bei höchstem Gehalt an Kohlenstoff diesen nicht in „freier", d. h. chemisch ungebundener Form.

c) Das Skelett der Kohlen ist ebenso wie bei der Zellulose ursprünglich immer ein aliphatischer Kohlenwasserstoff. Die Kohlenwasserstoffeigenschaft wird aber stark abgeschwächt und unvollständig durch den Sauerstoffgehalt, so daß die Eigenart der Kohlen, ebenso wie ihre Abstufung untereinander, tatsächlich bedingt ist durch ihren Charakter als typische Sauerstoffverbindung.

d) Die Kohle ist chemisch nicht einheitlich, ist es aber vergleichsweise in den älteren Formen mehr als in den jüngeren. Die Menge derjenigen Bestandteile, gemeinhin „Bitumen" genannt, welche sich aus der Kohle durch einfaches Extrahieren abtrennen lassen, ist schon aus diesem Grunde bei den jüngeren Kohlen größer als bei den älteren Formen. Die Bedeutung der wirklich extrahierbaren Bestandteile ist jedoch mehr nur eine qualitative, quantitativ treten sie gegenüber der Hauptmenge der Kohlensubstanz immer zurück[1]).

e) Das theoretische, d. h. das für das Verhalten der Kohle anzunehmende Molekulargewicht muß mindestens größer sein als das der Zellulose ($C_6H_{10}O_5 = 142$). Die in der Kohle vorkommenden Moleküle enthalten also mindestens 6 Kohlenstoffatome, wahrscheinlich aber ein Vielfaches. Die Kohle ist somit vom Standpunkt einer Kohlenstoffverbindung immer ein hochmolekulares Gebilde, und eben deshalb besonders labil.

Verhalten gegen Sauerstoff. Das chemische Verhalten der Kohlen im allgemeinen und im besonderen zum Unterschied von den anderen Brennstoffsystemen ist gekennzeichnet durch eine sehr große Reaktionsfähigkeit, unter welche sich auch die Wärmeunbeständigkeit einordnet. Zunächst ist dazu festzustellen, daß die Kohlen einen ihrer Substanz eigenen und spezifischen Wassergehalt haben (vgl. hygroskopische Feuchtigkeit S. 8). Sie sind zwar ebensowenig wie die Kohlenwasserstoffe in Wasser

---

[1]) Hochbituminöse Braunkohle z. B. gibt in wasserfreiem Zustand höchstens 8—10% Bitumen.

löslich, aber sie sind zum Unterschied von diesen nicht abstoßend gegen Wasser. Der spezifische Wassergehalt der Kohlen bewirkt vielmehr, daß sie allen chemischen Reaktionen, die unter der Einwirkung von Wasser oder Wasserdampf stattfinden, in recht merkbarem Grade zugänglich sind. Dazu gehört zuallererst die Reaktionsfähigkeit gegen Sauerstoff bzw. Luft.

Die Reaktionsfähigkeit der Kohlen gegenüber Sauerstoff ist — zum Unterschied von allen anderen Brennstoffsystemen — nicht an bestimmte Temperatur und bestimmten Druck gebunden. Die Kohlen reagieren vielmehr mit Sauerstoff (Luft) von jeder Temperatur und von jeder Dichte der Luft.

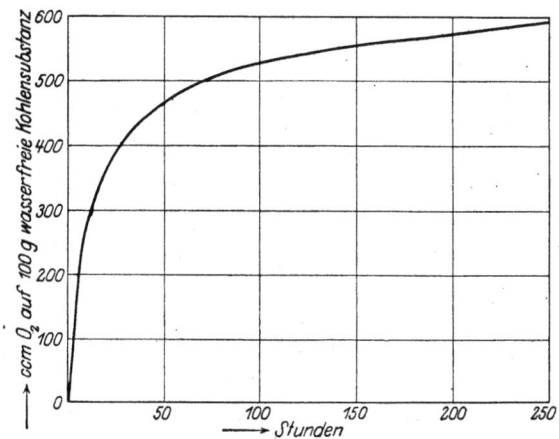

Abb. 10. Zeitlicher Verlauf der Sauerstoffaufnahme einer frisch geförderten Kohle. (Oxydation in feuchter Luft).

Die Reaktion mit Sauerstoff muß deshalb mit demselben Augenblick beginnen, wo die Kohle aus dem Flöz losgebrochen und zutage gefördert wird. Im Flöz kommt nur eine ganz kleine Außenfläche der anstehenden Kohle mit Luft in Berührung. Die Masse der Kohle dagegen steht unter Luftabschluß. Die Förderung und die Aufbereitung der Kohle dagegen ist gleichbedeutend mit einer starken Oberflächenvergrößerung, bei welcher die Kohlensubstanz ins chemische Gleichgewicht mit der Luft tritt. Die Kohle oxydiert sich sodann, ohne zu verbrennen, sie lagert Sauerstoff an, ihr Gewicht nimmt also zu.

Die wesentlichen Faktoren dieses Vorganges sind:

a) die Art der Kohle, insofern, als die sauerstoffreichsten, das sind die jüngeren, sich ungleich stärker oxydieren, als die sauerstoffarmen, älteren;

b) die Zeit, dadurch, daß der Vorgang unmittelbar nach der Förderung die größte Intensität zeigt und sich sodann abschwächt, aber niemals ganz aufhört;

c) Größe und Beschaffenheit der Oberfläche oder, richtiger gesagt, der „freien" Oberfläche sowie katalytische Oberflächenwirkungen, zu denen besonders das Wasser, vor allem Regenwasser und Luftfeuchtigkeit gehören;

d) die Temperatur. Die Oxydation nimmt dem Grade nach mit der Temperatur ab. Bei Temperaturen über 200° ist sie sehr schwach und schon untermischt mit beginnenden Zersetzungserscheinungen.

Die Oxydation der Kohlen beim Lagern verläuft immer schwach exotherm, die Wärmeentwicklung wird aber gewöhnlich durch Strahlungs- und Leitungsverluste oder ganz allgemein durch Abkühlungsverluste ausgeglichen. Treten jedoch örtliche Wärmestauungen auf, so kann sich die Kohle bis zu dem Grad erhitzen, daß sie sich zersetzt und daß der ausgeschiedene Kohlenstoff glühend wird. Tritt nunmehr Luft hinzu, so erfolgt sofort eine katalytische Zündung der gasförmigen Zersetzungsprodukte. Die in Kohlenhaufen eintretende Selbstzündung ist, weil dazu Wärmestauung nötig ist, immer von örtlich begrenztem Umfang (Brandnester). Ihre allgemeinste Voraussetzung, die schwach exotherme Oxydation, ist jedoch bei allen Kohlen gegeben, dem Grade nach am stärksten bei denjenigen, die den höchsten Sauerstoffgehalt haben.

Es läßt sich daran erkennen, daß bei den Kohlen exothermische Oxydation, thermische Zersetzung und Entzündung so ineinander greifen, daß auch zwischen Oxydation und Verbrennung Übergänge bestehen. Die Vorgänge in einer Kohlenfeuerung haben genau dieselbe zeitliche Folge, nur daß die Geschwindigkeit eine vielfach vergrößerte ist.

Sauerstoffhaltige Kohlenstoffverbindungen haben immer viel größere Bildungswärme als die entsprechenden Kohlenwasserstoffe. Es ist vollkommen abwegig, den Sauerstoff als labil gebunden anzunehmen, der Sauerstoff wird unter keinen Umständen aus solchen Verbindungen frei.

Die Verbrennung, als ein chemisches Gleichgewicht zwischen Brennstoff und dem freien Sauerstoff der Luft, läßt deshalb in keiner Weise die Deutung zu, daß der in einem Brennstoff enthaltene Sauerstoff verbrennungsfördernd wirkt. Daß ein Brennstoff, in welchem ein großer Teil des Wasserstoffes an Sauerstoff gebunden und mit diesem als Wasser abgespalten wird, einen geringeren Luftbedarf hat, ist eine rein stöchiometrische

Rechnung, die mit dem Vorgang der Verbrennung nichts zu tun hat.

Die Bedeutung des Sauerstoffes liegt vielmehr nur in den Reaktionen, welche der Verbrennung vorangehen, also ganz allgemein in der Zersetzung des sauerstoffhaltigen Brennstoffes. **Diese nimmt in jedem Fall ihren Ausgang nur von den sauerstoffhaltigen Atomgruppen.** Dasselbe gilt aber auch von der Oxydation, welche wiederum der Zersetzung vorangeht und in diese hinüberleitet. Die Oxydation führt zur Zündung, die thermische Zersetzung zur Verbrennung.

Der gebundene Sauerstoff. Der Sauerstoff ist der chemisch wirksamste Bestandteil der Kohlen insofern, als die beiden wichtigsten Reaktionen, nämlich die Oxydation und die thermische Zersetzung, von den sauerstoffhaltigen Atomgruppen ihren Ausgang nehmen. Beide Reaktionen hängen aber miteinander zusammen, denn die Oxydation führt zur Zündung und die thermische Zersetzung zur Verbrennung.

Im einzelnen kann man diese beiden vom Sauerstoff ausgehenden Reaktionen wie folgt definieren:

1. Oxydation: Sauerstoffhaltige Verbindungen lassen sich zum Unterschied von den Kohlenwasserstoffen oxydieren, und zwar um so leichter, je unsymmetrischer ihre Konstitution und je größer der bereits vorhandene Sauerstoffgehalt ist.

Das einfachste Beispiel dieser Art ist die Oxydation des Alkohols zu Aldehyd, die an Geschwindigkeit noch von der folgenden Oxydation des Aldehyds zu Essigsäure übertroffen wird:

$$C_2H_5(OH) + O = \underset{\text{Aldehyd}}{C_2H_4(OH)_2},$$

$$C_2H_4(OH)_2 + O = \underset{\text{Essigsäure}}{C_2H_3O(OH)} + H_2O.$$

2. Thermische Zersetzung: Sauerstoffhaltige Verbindungen hochmolekularer Art zersetzen sich bei Wärmezufuhr in der Weise, daß zuerst immer Wasserstoff zusammen mit Sauerstoff als Wasser abgespalten wird. Die Folge ist in jedem Fall eine „Verarmung" des betreffenden Kohlenstoffatoms an Wasserstoff.

Ein einfaches Beispiel dieser Art ist die Wasserabspaltung aus dem Molekül des Glyzerins, welche zum Akrolein führt:

$$\begin{matrix} H_2-C-OH \\ | \\ H-C-OH \\ | \\ H_2-C-OH \end{matrix} \; \dot{-} \; 2\,H_2O \;=\; \begin{matrix} H-C-H \\ \| \\ C-H \\ | \\ H-C=O \end{matrix}.$$

Die Geschwindigkeit, mit welcher sich Kohle oxydiert, und die Beständigkeit der entstehenden Oxyde nehmen beide mit ansteigender Temperatur ab, während umgekehrt die Abspaltung von Sauerstoff zusammen mit Wasserstoff als Wasser mit der Temperatur zunimmt. Die beiden Vorgänge — Oxydation und beginnende Zersetzung — gehen deshalb ineinander über, die ungefähre Grenze liegt bei Temperaturen von 225 bis 275° und Atmosphärendruck. Innerhalb dieser Grenztemperatur hört die Oxydation auf, und die Zersetzung beginnt.

Bei höheren Drücken verschiebt sich die Grenztemperatur nach oben, so daß bei einer Verbrennung von Kohlenstaub in Motoren unter dem Einfluß der Kompression die Zündung leichter, die Zersetzung aber schwerer erfolgen würde, ganz abgesehen natürlich von dem grundsätzlichen Widerspruch zwischen motorischer Verbrennung und Wärmeunbeständigkeit des Brennstoffes.

Die Wasserabspaltung ist der Beginn jeder thermischen Zersetzung, also auch der äußerste Anfang der Verkokung. Dies

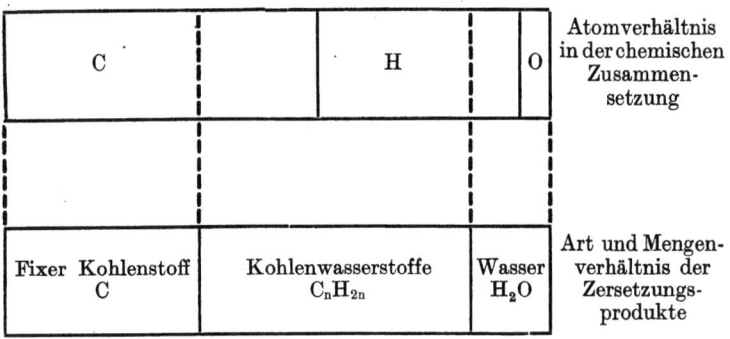

Abb. 10a. Schematische Darstellung der Verkokung einer fetten Steinkohle.

muß betont werden, weil die Anfangstemperatur der Wasserabspaltung erheblich unterhalb der Temperaturen liegt, die selbst für die Tieftemperaturverkokung (Schwelerei) gelten. Aber gerade in diesem Anfangsstadium ist die grundlegende chemische Tendenz der Verkokung zu erkennen. Die Wasserabspaltung ist die erste und teilweise Verarmung des Kohlenstoffatoms in bezug auf den Wasserstoffgehalt, jeder weitere Verlauf der Verkokung ist nur ein Fortschreiten dieser Verarmung bis zum vollständig elementaren Kohlenstoff.

Die primäre Ursache der thermischen Zersetzung ist somit immer der Sauerstoffgehalt. Auf einfachste Formel gebracht, ist die durch den Sauerstoffgehalt bewirkte Zersetzung von doppelter Art:

1. Der Sauerstoff wirkt unmittelbar destruktiv, indem er Wasserstoff bindet und abspaltet und damit eine Verarmung einzelner Kohlenstoffatome an Wasserstoff herbeiführt. Das ver-

bleibende Kohlenstoff-Wasserstoff-Skelett ist deshalb keine vollkommene Verbindung mehr, sondern hat schon schwache Stellen (Bruchstellen).

2. Das durch die Wasserabspaltung verarmte und geschwächte Kohlenwasserstoffskelett ist für sich unbeständig und muß in neue wärmebeständige Verbindungen übergehen. Diese können nur Kohlenwasserstoffe sein. Ihre Bildung kann nur in der Weise erfolgen, daß ein kleinerer Teil des Kohlenstoffes in vollkommener Weise gebunden wird, während der größere als elementarer, fixer Kohlenstoff (Koks) zurückbleibt.

Bezüglich des Verhaltens der einzelnen sauerstoffhaltigen Atomgruppen sei auf den Abschnitt „Sauerstoff" verwiesen.

Ausgehend von dieser primären Ursache der Zersetzung ergibt sich nun eine unübersehbare Variationsmöglichkeit der entstehenden Zersetzungsprodukte, insbesondere der flüchtigen Bestandteile, als welchen man zusammenfassend das Zersetzungswasser, das Gas und den Teer zu bezeichnen hat.

Diese Variationen sind gegeben durch die Temperatur und durch die Art der Kohle, aber auch sehr viele andere Umstände, wie die Stückelung, mineralische Bestandteile (Asche) usw., sind dabei von Einfluß.

In bezug auf die Temperatur liegen die Verhältnisse so, daß die Kohle alle Temperaturen bis zum vollständigen Entstehen „durchläuft". Jeder Temperatur entsprechen Zersetzungsprodukte, die eben bei dieser Temperatur noch wärmebeständig sind. Werden diese Zersetzungsprodukte dem Einfluß des Temperaturanstiegs nicht entzogen, so müssen sie sich bei weiterer Erhitzung in neue, einfachere Produkte von noch höherer Wärmebeständigkeit umwandeln. Faßt man beide Einflüsse — Temperatur und Art (Sauerstoffgehalt) der Kohle — zusammen, so erfolgt die Verkokung auf einer „Basis", die um so breiter ist, je jünger die Kohle und je niedriger die Endtemperatur der Verkokung ist.

Eine magere Kohle z. B. hat eine schmale Basis, da die flüchtigen Produkte der Menge nach gering und der Zusammensetzung nach einfach sind und zudem erst bei einer so hohen Temperatur entwickelt werden, daß Zwischenprodukte komplizierter Art nicht bestehen können.

Eine Braunkohle dagegen entwickelt schon bei niedriger Temperatur große Mengen von Zersetzungsprodukten, die entsprechend der niedrigen Temperatur hochmolekular und kompliziert zusammengesetzt sind.

Eine einheitliche Verkokung mit einfachsten Zersetzungsprodukten ist deshalb nur die Hüttenkokerei, welche bis zur höchstmöglichen Endtemperatur durchgeführt wird. Tieftemperaturverkokung, Halbkokerei, Schwelerei und ähnliche Prozesse bezwecken, möglichst große Mengen von Kohlenstoff in Form von chemischen Verbindungen zu erhalten, und das ist nur möglich dadurch, daß die Endtemperatur so weit begrenzt wird, daß die hochmolekularen und komplizierten Verbindungen sich nicht weiter zersetzen.

Bei allen Verkokungsvorgängen gibt es aber auch Reaktionen zwischen den Zersetzungsprodukten selbst, und zwar meist im Sinne eines Abbaues und einer Vereinfachung der Kohlenstoffverbindungen, wenn diese mit dem glühenden Kohlenstoff (Koks) in Berührung kommen. Solche Reaktionen kann man verhindern, wenn man die flüchtigen Zersetzungsprodukte dem Einfluß des glühenden Koks entzieht (absaugen) oder ganz allgemein ihre Überhitzung verhindert (Drehrohrofen).

Die von den sauerstoffhaltigen Atomgruppen ausgehende thermische Zersetzung der Kohlen verläuft niemals in dem allereinfachsten Sinne, der uns Kohlenstoff einerseits und Kohlenoxyd und Wasserstoff anderseits als die letzten und unbedingt beständigen Zersetzungsprodukte erkennen läßt. Im allgemeinen verläuft die Zersetzung vielmehr immer in der Weise, daß durch die Verarmung einzelner Kohlenstoffatome das große Molekül gebrochen wird in kleinere, die gegen weitere thermische Zersetzung schon widerstandsfähiger sind. Infolgedessen haben jene Zersetzungsprodukte, die man in ihrer Gesamtheit als flüchtige Bestandteile bezeichnet, immer noch den Charakter von Kohlenstoffverbindungen. Soweit diese Verbindungen vollkommene oder annähernd vollkommene Gase sind, würden die Verhältnisse trotzdem einfach liegen, da es sich dann nur um Kohlenwasserstoffe von verschiedener Molekulargröße handeln kann. Aber es ist bekannt, daß die thermische Zersetzung der Kohlen neben gasförmigen Produkten auch solche von hochmolekularer und sauerstoffhaltiger Art liefert, das sind die Teere.

Teer entsteht immer nur in untergeordneter Menge, so z. B. bei der Verkokung von Steinkohlen 3—6%, je nach der Breite der Verkokungsbasis und der Höhe der Temperatur. Es zeigt sich indessen bei näherer Betrachtung, daß in der Tatsache der Teerbildung überhaupt die Wirksamkeit des Sauerstoffes ganz charakteristisch zu erkennen ist.

Im einfachsten Falle könnte der Sauerstoff nur in Form von Wasser, Kohlensäure oder Kohlenoxyd in den flüchtigen Bestandteilen enthalten sein, und das trifft tatsächlich zu, wenn man Verbindungen von niedrigem Molekulargewicht, z. B. Glyzerin, der allerschärfsten Verkokung aussetzt. Bei Verbindungen hochmolekularer Art aber, wie es die Kohlen immer sind, geht der Bruch des Moleküls wohl vom Sauerstoff aus, aber mit der chemischen Tendenz, daß das gebrochene Molekül als sauerstoffhaltige Verbindung zunächst bestehen bleibt. Es ergeben sich deshalb für die thermische Zersetzung der Kohlen grundsätzlich 2 Arten von flüchtigen Zersetzungsprodukten:

1. unmittelbar von den sauerstoffhaltigen Atomgruppen ausgehend die Bildung von sauerstoffhaltigen Verbindungen hochmolekularer und komplizierter Art, das sind die Teerbildner;

2. mittelbar von den sauerstoffhaltigen Atomgruppen ausgehend die Bruchstücke des Kohlenwasserstoffskeletts, das sind die gasförmigen Kohlenwasserstoffe oder flüchtigen Bestandteile im engeren Sinne.

Bei allen technischen Verkokungsvorgängen sind diese beiden immer durch Mischungen in allen möglichen Verhältnissen und weiterhin durch chemische (pyrogene) Umwandlungen miteinander verbunden.

Entstehung und Charakter des Teers. Kein Zersetzungsprodukt der Kohle ist so außerordentlich verschieden in seiner Zusammensetzung und so unübersehbar in den chemischen Umwandlungen wie der Teer. Insbesondere ist bekannt, daß der gewöhnliche Steinkohlenteer, welcher fast ausschließlich Benzolcharakter hat, kein ursprüngliches Produkt ist, sondern entstanden ist aus ursprünglich aliphatischen Verbindungen, die sich in Formen von höherer Wärmebeständigkeit geflüchtet haben.

Dieser ursprünglich aliphatische Teer wird bei den Prozessen der Tieftemperaturverkokung und Schwelerei in annähernd reiner Form erhalten und als „Urteer" bezeichnet. Jede Betrachtung der Teerbildung muß immer vom Urteer im strengsten Sinne dieses Wortes ausgehen. Aus den Bildungsbedingungen des Urteers erkennen wir dann jene Wandlungen quantitativer und qualitativer Art, denen jeder Teer, auch der Urteer technischer Art, mehr oder minder unterworfen ist.

Als Grundgesetz der Teerbildung ergibt sich sodann:

1. Die Bestandteile des Teers sind immer hochmolekularer Art, also flüssige oder feste Körper.

2. Die Sauerstoffverbindungen sind immer benzolartige und leiten sich ab von dem Oxybenzol (Karbolsäure $C_6H_5(OH)$). Diese Verbindungen, Kresole, Kreosote usw., haben wie das Oxybenzol sauren Charakter und werden deshalb als die sauren Teerbestandteile bezeichnet.

3. Die Kohlenwasserstoffe des Urteers sind hochmolekulare, aber rein aliphatische Verbindungen des Typs C_nH_{2n+2} und als hochmolekular von flüssigem oder festem Aggregatzustand (Paraffinkohlenwasserstoffe). Sie werden als die neutralen Bestandteile des Urteers bezeichnet.

So z. B. enthält der Urteer von Braunkohle (Schwelteer) 30—40% saure, benzolartige und 70—60% aliphatische, neutrale Bestandteile.

Da beide Arten von Verbindungen hochmolekular sind, so sind als spezifische Teerbestandteile und Teerbildner nur die sauerstoffhaltigen Verbindungen anzusehen, während die neutralen Kohlenwasserstoffe im Teer nichts weiter sind wie ein Kondensationsprodukt. Sie unterscheiden sich chemisch nicht von den niedrigmolekularen, gasförmigen Kohlenwasserstoffen, mit denen sie durch zahlreiche Übergangsglieder verbunden sind.

Es bleibt also die Tatsache bestehen, daß der spezifische, sauerstoffhaltige Bestandteil des Urteers von allem Anfang an der wärmebeständigen Benzolform angehört. Beim gewöhnlichen Steinkohlenteer würden sich die benzolartigen Sauerstoffverbindungen durch pyrogene Umwandlung erklären lassen. Aber die Feststellung, daß gerade die spezifisch aliphatischen Urteere diese benzolartigen Sauerstoffverbindungen in viel größerer Menge und als Hauptbestandteil enthalten, zwingen zu der Folgerung, daß hier eine primäre Bildung vorliegt.

Bei der thermischen Zersetzung der Kohlen sind die sauerstoffhaltigen Zersetzungsprodukte zuerst aliphatischer Art, aber in dieser Art fast ebenso wärmeunbeständig wie der ursprüngliche Komplex der Kohlensubstanz selbst. Sie lagern sich deshalb um in die beständigeren Sauerstoffverbindungen des Benzoltyps. Die allererste Bildung von benzolartigen Verbindungen aus Kohle kommt also viel weniger unter dem Einfluß der Temperatur als unter der chemischen Wirksamkeit des Sauerstoffes selbst zustande.

Die sauerstoffhaltigen Verbindungen sind deshalb die eigentlichen Teerbildner, denen hochmolekulare aliphatische Kohlenwasserstoffe als Kondensationsprodukte beigemengt sind.

Wird der Urteer im weiteren Verlaufe einer Verkokung hoch erhitzt, so werden davon zunächst nur die aliphatischen Kohlenwasserstoffe betroffen, da sie zum Unterschied von den Sauerstoffverbindungen keine wärmebeständigen Verbindungen darstellen. Die Kohlenwasserstoffe gehen sodann über in die beständigeren, benzolartigen Formen (Benzol, Naphthalin, Anthrazen), ein Vorgang, der immer mit der Abspaltung von Wasserstoff oder leichten Kohlenwasserstoffen verbunden und seiner Art nach destruktiv ist.

System Kohlenstoff-Wasserstoff-Sauerstoff.

Die Entstehung des Teers und seine chemischen Wandlungen lassen sich deshalb wie folgt definieren:

1. Bei Verkokung auf breitester, d. i. sauerstoffreichster Kohlenbasis und niedriger Temperatur geht zuerst nur der Sauerstoff in hochmolekulare, benzolartige Verbindungen über. Diese sind die spezifischen Teerbildner, während die beigemengten hochmolekularen Kohlenwasserstoffe rein aliphatischer Art sind.

2. Bei Verkokung auf schmaler, sauerstoffarmer Basis und hohen Temperaturen bilden sich in gleicher Weise zuerst unter dem Einfluß des Sauerstoffes benzolartige Verbindungen, und der Unterschied gegenüber dem Falle 1 ist nur ein mengenmäßiger.

Gleichzeitig aber und nur unter dem Einfluß der höheren Temperatur gehen die hochmolekularen, aliphatischen Kohlenwasserstoffe in wärmebeständige, benzolartige über.

Man kann die chemischen Wandlungen des Urteers zum gewöhnlichen Teer dahin zusammenfassen, daß die graduelle Wärmebeständigkeit, welche beim Urteer für die sauerstoffhaltigen Verbindungen von Anfang an gegeben ist, beim gewöhnlichen Teer eine vollständige wird durch die pyrogene Umwandlung der Kohlenwasserstoffe.

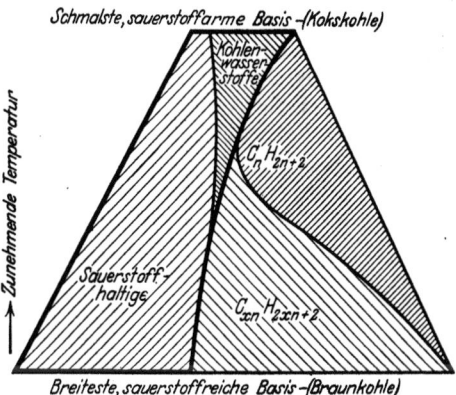

Abb. 11. Bildung und Zusammensetzung der Teere.
Die gesamten benzolartigen Verbindungen sind stark umrahmt, daneben die aliphatischen.

Die Vorgänge bei der Entstehung und Umwandlung des Teers sind auch für die Verbrennung der Kohlen von großer Bedeutung. Da die Kohle im Feuer alle Temperaturstufen durchläuft, so erfolgen Entstehung und Wandlung des Teers in genau der gleichen Weise, müssen sich aber fortsetzen in einem weiteren Abbau bis zu den einfachsten, verbrennungsreifen Gasen. Die Geschwindigkeit aller dieser Vorgänge ist immer kleiner als die Geschwindigkeit der eigentlichen Verbrennung, und sie führt deshalb zur Ausscheidung von Teer oder teerartigen Zersetzungsprodukten aus dem Gang der Verbrennung überhaupt. Dies ist die Grundlage der Rauch- und Rußbildung, die demgemäß um so größer ist, je breiter die Basis der Teerbildung und je niedriger die Temperatur ist.

Ruß ist niemals reiner Kohlenstoff, sondern besteht immer aus kohlenstoffreichen, aus dem Teer entstandenen Stumpfverbindungen.

Die flüchtigen Bestandteile. Unter flüchtigen Bestandteilen im engeren Sinne versteht man die rein gasförmigen Zersetzungsprodukte, im weiteren Sinne umfassen die flüchtigen Zersetzungsprodukte aber auch den Teer bzw. die Zersetzungsprodukte des Teers. Für die Verfeuerung der Kohlen hat der weitere Begriff zu gelten.

Bei der Verfeuerung der Kohlen bildet die Verbrennung der flüchtigen Bestandteile durch die Flammenbildung das äußerlich stärkste und meist charakteristische Merkmal. Das gilt für alle Kohlen ohne Ausnahme. Aber es bestehen dabei sehr große Unterschiede in bezug auf die Lebhaftigkeit, die Länge und die Leuchtkraft der Flamme. Diese Unterschiede sind zurückzuführen auf die chemische Art der flüchtigen Bestandteile, welche ihren allgemeinsten Ausdruck findet in der Bezeichnung mageres, fettes oder trockenes Gas.

Da die Endtemperatur der Verkokung auf dem Rost eine Funktion der Verbrennung selbst ist, so ist die Basis der Flammenbildung bei der Kohlenfeuerung nur durch die Art der Kohle gegeben.

Je schmäler diese Basis ist, um so geringer ist die Menge der flüchtigen Bestandteile und die Variationsmöglichkeiten ihrer Zusammensetzung. Die schmälste Basis haben die ältesten Kohlen (Anthrazit), während sie nach den jüngeren zu immer breiter wird.

Während nun die Menge der flüchtigen Bestandteile ein Faktor ist, der sich zahlenmäßig erfassen läßt und deshalb im Feuerungsbetrieb weitgehend berücksichtigt werden kann, trifft dies für die Art der flüchtigen Bestandteile nicht zu. Länge und Lebhaftigkeit der Flamme sind von anerkannt großem Einfluß. Aber da es sich bei den flüchtigen Bestandteilen immer um Mischungen von Gasen handelt, so scheint es, als ob die Intensitätsfaktoren der Flamme sich nicht scharf erfassen lassen.

In Wirklichkeit können die flüchtigen Bestandteile ungeachtet ihres Mischcharakters immer nur 2 Hauptarten von Gasen enthalten, nämlich Kohlenwasserstoffe und die Bestandteile des Wassergases (Kohlenoxyd und Wasserstoff). Die Bestandteile des Wassergases sind immer vollständig eindeutig, die Kohlenwasserstoffe dagegen bieten auch in den einfachsten Formen noch Variationsmöglichkeiten. Die Verbrennung des Wassergases ist einfach und eindeutig, während bei den Kohlenwasserstoffen lebhafte Zersetzungsvorgänge der Verbrennung vorangehen und

System Kohlenstoff-Wasserstoff-Sauerstoff.

109

darum der Verbrennung selbst den Anschein großer Lebhaftigkeit geben. Eine lebhafte Flammenbildung hat für technische Feuerungen bestimmte Vorteile, und daraus erklärt es sich, daß spezifische Flammkohlen, wie es in erster Linie die fetten Kohlen sind, immer als bevorzugte Brennstoffe gegolten haben. In bezug auf den Verbrennungsvorgang selbst ist eine solche Unterscheidung nicht zulässig. Da kann im Gegenteil der einfachere Fall, also die Verbrennung von Wassergas den Vorzug verdienen. Die allgemeinen Richtlinien für das Mischungsverhältnis der Hauptbestandteile in den flüchtigen Bestandteilen ergeben sich in der bekannten gesetzmäßigen Beziehung zu der Menge der flüchtigen Bestandteile (Abb. 12).

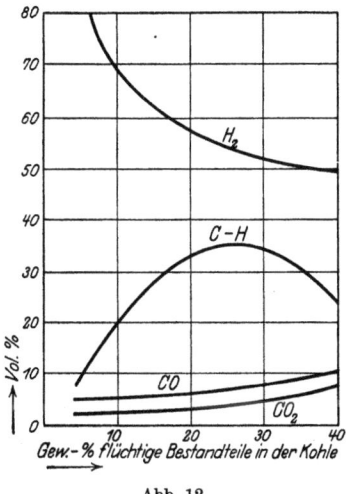

Abb. 12.

Die Kohlenwasserstoffe zeigen darin die größten Variationsmöglichkeiten. Sie erreichen ihr Maximum bei den fetten Kohlen. Nach den jüngeren Kohlen hin wie auch noch stärker nach den älteren fällt ihre Menge ab.

Die Bestandteile des Wassergases treten bei den mageren und anthrazitischen Kohlen als Hauptbestandteil deutlich hervor. Sie nehmen aber nach den jüngsten Kohlen hin nicht so stark ab, wie man es eigentlich erwarten sollte. Der Grund dafür ist, daß alle inneren Zersetzungsvorgänge, denen Teerbestandteil und hochmolekulare Kohlenwasserstoffe unterworfen sind, letzten Endes zu Wasserstoff und Kohlenoxyd führen müssen.

Für die praktischen Schlußfolgerungen ist deshalb maßgebend nur die Summe von Wasserstoff im Verhältnis zur Summe des Kohlenstoffes in der gesamten Mischung. Daraus ergibt sich, wieviel von dem Kohlenstoff gebunden ist. Da die Entgasung einer Steinkohle bei der Verfeuerung immer unvollkommen ist, so daß rund 1% Wasserstoff und 1% Sauerstoff im Koks verbleiben, so läßt sich das Atomverhältnis beider Elemente im Gas annähernd berechnen nach der Formel:

$$\frac{(H-1) - \frac{(O-1)}{8}}{\frac{C - C \text{ fix}}{12}} = \frac{12 (8H - O - 7)}{8 (C - C \text{ fix})}.$$

Geht man wiederum von der Einteilung der Steinkohlen nach Schondorff aus (vgl. S. 92), so ergibt sich für das Verhältnis Wasserstoff zu Kohlenstoff in den flüchtigen Bestandteilen das graphische Bild in Abb. 13. Diese Darstellung läßt erkennen, daß die Gase aus fetten Kohlen mit
$$H : C = (2{,}3\text{—}3{,}3) : 1$$
die vollkommenste Bindung von Kohlenstoff an Wasserstoff aufweisen. Werte über 4 weisen auf eine starke Beimengung von Wassergas (Kohlenoxyd) hin, Werte über 6 auf erhebliche Beimengung von Wasserstoff.

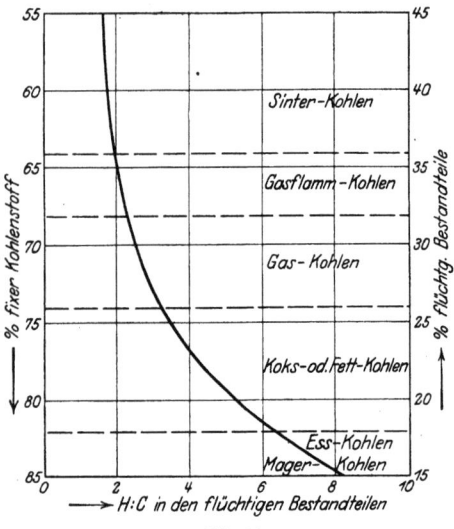

Abb. 13.

Für Braunkohlen, Torf und Holz kann man diese Berechnung nicht anwenden, weil ihre Voraussetzung, nämlich die annähernd vollständige Bindung des Sauerstoffes an Wasserstoff nicht mehr zutrifft. Vor allem gilt dies für das Holz, welches durch Gehalt an Harz und anderen spezifischen Bestandteilen Kohlenwasserstoffe entwickelt, die von denen der Kohlen sehr stark abweichen. Braunkohle, Torf und Holz brennen wohl mit lebhafter, aber wenig dauerhafter Flamme. D. h. sie entwickeln die Kohlenwasserstoffe leichter und schneller als die Steinkohlen. Die Entgasung erfolgt in jedem Fall nicht so gleichmäßig wie bei den Steinkohlen, und das Verhältnis H : C in den flüchtigen Bestandteilen ist zeitlich starken Schwankungen unterworfen.

Die Verbrennung der Kohlen[1]. Die Wärmeunbeständigkeit der Kohlen hat zur Folge, daß die Kohlen als Brennstoff nicht einheitlich sind. Ihre Verbrennung teilt sich immer in 2 Phasen:

1. Die Verbrennung der flüchtigen Bestandteile oder die Verbrennung über dem Rost. Die Geschwindigkeit dieser Verbren-

---

[1] Die Verbrennung der Kohlen ist ausführlich im zweiten Teil des Buches behandelt, hier nur so weit, als es die Vollständigkeit der chemischen Betrachtung erfordert.

nung ist nur begrenzt durch die Zersetzungsgeschwindigkeit = Bildungsgeschwindigkeit der flüchtigen Bestandteile.

2. Die Verbrennung des Koksrückstandes oder Verbrennung auf dem Rost. Diese Verbrennungsgeschwindigkeit, welche sich auf das Kohlenoxyd bezieht, ist begrenzt durch die Reaktionsgeschwindigkeit des Kohlenstoffes, d. i. die Geschwindigkeit der Kohlenoxydbildung.

Grundsätzlich ist die Geschwindigkeit der Verbrennung auf dem Rost immer erheblich geringer als die Geschwindigkeit der Verbrennung über dem Rost, und dieser Unterschied wird noch gesteigert dadurch, daß die Mengenteile von Koks und von flüchtigen Bestandteilen sich dem Sinne nach umgekehrt verhalten wie ihre Verbrennungsgeschwindigkeiten.

Mit der Zunahme des Koksrückstandes (magere und anthrazitische Kohlen) nimmt also die Verbrennungsgeschwindigkeit im ganzen ab und nähert sich derjenigen des Koks, während umgekehrt mit der Zunahme der flüchtigen Bestandteile die Geschwindigkeit der Verbrennung zunimmt und sich derjenigen der Kohlenwasserstoffe und des Wassergases nähert.

Die Gesamtverbrennungsgeschwindigkeit der Kohlen, welche allein für die Praxis unmittelbaren Wert hat und als Rostleistung, Rostbelastung usw. bezeichnet wird, ist deshalb niemals eine einheitliche Größe. Sie ist, wie im zweiten Teil dieses Buches noch näher ausgeführt, dem Sinne nach nicht einmal ein Mittelwert aus beiden Geschwindigkeiten, weil diese beiden Geschwindigkeiten noch abhängig sind von anderen Faktoren, die vor allem in der groben Beschaffenheit der Kohle begründet sind. Insbesondere ist die Backfähigkeit des Verkokungsrückstandes ein Faktor, der — obgleich nur qualitativer Art — von außerordentlich großem Einfluß auf die Entwicklung und Beherrschung der Geschwindigkeit (Betrieb und Bedienung der Kohlenfeuerung) ist.

Die ausgeprägte Backfähigkeit der fetten Steinkohlen und ebenso ihr Gehalt an hochwertigen flüchtigen Bestandteilen ergeben, daß diese Kohlen in bezug auf Verbrennungsgeschwindigkeit wenigstens annähernd den besten Mittelwert darstellen, während sowohl bei den mageren wie bei den trockenen Kohlen von einem Mittelwert nicht gut gesprochen werden kann.

Die Feuerungstechnik hat die Aufgabe, diese beiden Phasen der Kohlenverbrennung miteinander in Übereinstimmung zu bringen. Vollkommen ist diese Aufgabe niemals zu lösen, weil die Gesamtverbrennungsgeschwindigkeit, wie oben ausgeführt, niemals den Sinn eines Mittelwertes haben kann, und weiterhin, weil die zeitliche und räumliche Entwicklung der beiden Geschwindigkeiten eine vielseitige gegenseitige Beeinflussung in sich schließt.

Die nachfolgende graphische Darstellung zeigt die betriebstechnischen Faktoren der Kohlenfeuerung in ihrer Beziehung zu den 3 Hauptarten der Steinkohle. Diese Faktoren sind gleichbedeutend mit der Entwicklung und Beherrschung der beiden Geschwindigkeiten. Die Bedingungen für die Verfeuerung der jüngeren Steinkohlen (Sinterkohlen) finden ihre sinngemäße Fortsetzung für Braunkohlen, Torf und Holz, während die Bedingungen für Verfeuerung von mageren Kohlen fortgesetzt werden können bis zu den vollständig eindeutigen Verbrennungsbedingungen für Koks.

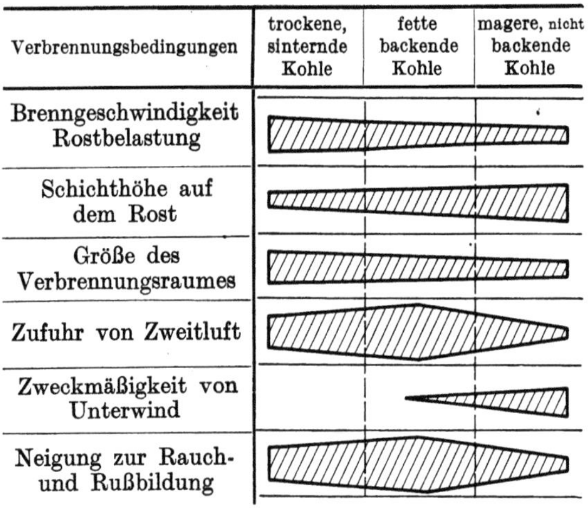

Verbrennungsbedingungen	trockene, sinternde Kohle	fette backende Kohle	magere, nicht backende Kohle
Brenngeschwindigkeit Rostbelastung			
Schichthöhe auf dem Rost			
Größe des Verbrennungsraumes			
Zufuhr von Zweitluft			
Zweckmäßigkeit von Unterwind			
Neigung zur Rauch- und Rußbildung			

Abb. 14.

Aus der ganzen Betrachtung ergibt sich des weiteren für Mischungen von Kohlen, daß die Verbrennungseigenschaften einer Mischung niemals das arithmetische Mittel sind aus der Menge der Komponenten, sondern aus den Geschwindigkeiten. Es empfiehlt sich deshalb nicht, Kohlen, die der Art nach weit auseinander liegen, in Mischung zu verbrennen.

In dem äußeren Bild der Kohlenfeuerung tritt immer die Verbrennung der flüchtigen Bestandteile durch die Flammenbildung sehr stark hervor, während die Verbrennung auf dem Rost, das Grundfeuer, eine gewisse Trägheit zeigt. In Wirklichkeit ist aber die Verbrennung mit Flamme über dem Rost etwas Vorübergehendes und unbedingt abhängig von dem Grundfeuer.

Die Beziehung beider Phasen zueinander läßt sich am besten mit der Wellenbewegung vergleichen. Die Wellenbewegung auf dem Wasser setzt eine gewisse Tiefe des Wassers voraus, pflanzt sich aber nach der Tiefe nicht fort und muß, ohne einen neuen Anstoß, in sich verebben.

Jede Schaufel von Kohlen, die auf das Grundfeuer geworfen wird, verursacht eine Welle, d. h. eine mehr oder minder stürmische Gasentwicklung. mit nachfolgender Verbrennung. Aber diese Gasbildung ist nur möglich durch die Tiefe der Verbrennung, also die Verbrennung auf dem Rost, und die Welle verebbt nach kurzer Zeit, wenn nicht ein neuer Anstoß, d. h. eine neue Zufuhr von Kohlen erfolgt, während das Grundfeuer als die Masse und Tiefe der Verbrennung bestehen bleibt.

Es ist vorauszusehen, daß die Verfeuerung von Kohlen um so besser und gleichmäßiger verläuft, je geringer die Wellenbewegung ist. Ganz zu vermeiden ist sie niemals, aber die Verhältnisse sind die besten, wenn in möglichst kurzer Zeitfolge sich nur kleinste Wellen bilden. Dies bedeutet praktisch: Zufuhr des Brennstoffes in kleinster Menge, aber dauernd, ein Vorgang, der durch die mechanischen Feuerungen verwirklicht wird.

Die Verbrennungswärme. Die Verbrennungswärme bildet bei den Kohlen — wie bei allen „Heiz"stoffen — den unmittelbarsten Wertmesser. Über ihre Größe sagt das thermochemische Grundgesetz (vgl. S. 17) ganz allgemein aus, daß bei sauerstoffhaltigen Kohlenstoffverbindungen die Bildungswärme immer positiv und von erheblicher Größe ist. Infolgedessen ist die Verbrennungswärme der Kohlen bedeutend geringer als die der Brennstoffe vom Kohlenwasserstofftyp und zeigt außerdem große Unterschiede zwischen den einzelnen Klassen.

Tabelle 37.

Typ	Höchstwert kcal/kg	Mindestwert kcal/kg
Kohlenwasserstoffe	11 400	9400
Sauerstoffhaltige	8 750	4800

Die Größe der Verbrennungswärme bei den Kohlen steht natürlich in tiefgreifendem Zusammenhang mit der chemischen Zusammensetzung. Es ist klar, daß sie in erster Linie durch den überwiegenden Anteil des Kohlenstoffes bestimmt wird. Die Bedeutung des Wasserstoffes dagegen hängt immer zusammen mit dem negativen Einfluß des Sauerstoffes, welch letzteres in der Berechnung des disponiblen Wasserstoffes $= H - \dfrac{O}{8}$ zum Ausdruck kommt.

Die Berechnung des disponiblen Wasserstoffes hat nur annähernde Gültigkeit. Die Konstitution kann selbst bei gleicher prozentualer Zusammensetzung Verschiedenheiten aufweisen und dementsprechend auch verschiedene Bildungswärmen („isomere" Kohlen). Beides zusammen bedingt, daß keine streng linearen Beziehungen zwischen chemischer Zusammensetzung und Verbrennungswärme bestehen in bezug auf den Kohlenstoffgehalt.

Eine annähernd lineare Beziehung besteht nur bei den spezifischen fetten Kohlen in der Gleichung

Verbrennungswärme in kcal/kg = 100 mal Prozentgehalt Kohlenstoff.

Das Verhältnis 1 : 100 ist dabei eine Zufälligkeit. Bei den jüngeren Steinkohlen und den Braunkohlen ist das Verhältnis ge-

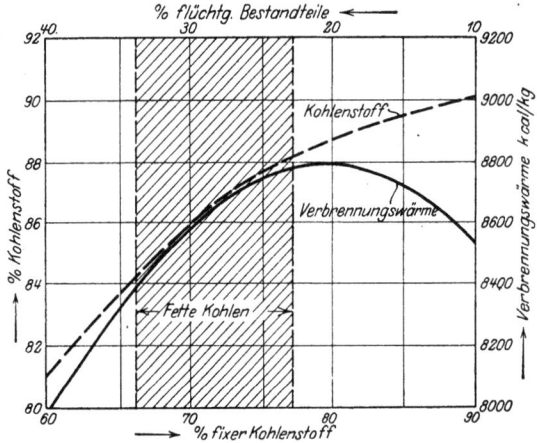

Abb. 15. Beziehung zwischen Kohlenstoffgehalt und Verbrennungswärme.

wöhnlich größer als 1 : 100, das besagt, daß dabei die Berechnung des disponiblen Wasserstoffes noch weniger zutrifft wie bei den fetten Kohlen.

Die für die Praxis wichtigste Beziehung ist die zwischen dem Gehalt an flüchtigen Bestandteilen in Gewichtsprozenten und der Verbrennungswärme. Es ergibt sich dafür ganz allgemein, daß Menge der flüchtigen Bestandteile und Verbrennungswärme in umgekehrter Beziehung zueinander stehen, aber mit der bemerkenswerten Einschränkung, daß das Maximum der Verbrennungswärme nicht bei den Anthraziten liegt, sondern bei den Magerkohlen.

Bemerkenswerte Ausnahmen im Sinne erheblich größerer Verbrennungswärmen ergeben sich bei solchen Brennstoffen, die spezifische Fremdbestandteile enthalten, wie z. B.

harzhaltiges Holz (Kiefernstubben) = 5800—5900 kcal/kg,
hochbituminöse lignitische Braunkohle = 7300—7500 kcal/kg.

System Kohlenstoff-Wasserstoff-Sauerstoff. 115

Bei der Verfeuerung der wärmeunbeständigen Brennstoffe ist die Verbrennungswärme nicht als Summe zu bewerten, sondern immer nur in ihrer Verteilung auf fixen Kohlenstoff und flüchtige Bestandteile. Da die Wärmeentwicklung jeder chemischen Reaktion immer die gleiche bleibt, über welche Zwischenstufen sie auch erfolgt, so ist es für die Verfeuerung der Kohlen gleichgültig, ob die Wärmetönung bei der Zersetzung positiv oder negativ ist. Dagegen hat diese Frage zweifellos Einfluß auf die Leichtigkeit und damit auf die Geschwindigkeit, mit welcher die Entgasung erfolgt.

Die Verkokung verläuft nach anfänglicher Wärmezufuhr zunächst exotherm. Im weiteren Fortschritt wird sie endotherm,

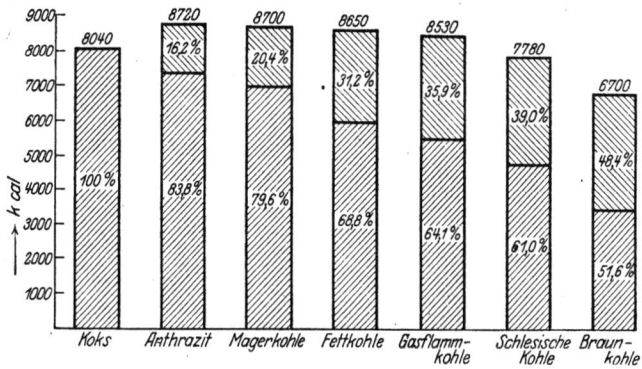

Abb. 16. Verteilung der Verbrennungswärme auf Koks und flüchtige Bestandteile, berechnet für Reinkohle. (Unterer Teil der Balken = Koksrückstand).

und gegen Ende ist sie ganz ausgesprochen endotherm. Die positive Wärmetönung ist um so größer, je sauerstoffreicher, d. h. jünger die Kohle ist, am allerstärksten beim Holz.

Bei in sich abgeschlossenen Verkokungsvorgängen — d. h. ohne gleichzeitige Verbrennung — beträgt die zusätzliche Verkokungswärme 6—8% der Verbrennungswärme.

Dieselbe Verkokungswärme muß natürlich auch in den Feuerungen aufgewendet werden. Sie tritt dadurch in die Erscheinung, daß jede Kohlenverbrennung eingeleitet werden muß durch eine Hilfsverbrennung — „Anfeuern" — und daß bei Beendigung jeder Kohlenverfeuerung Reste von unvollkommen entgaster Kohle zurückbleiben. Ein Beharrungszustand wird, wie besonders in der Kohlenstaubfeuerung zu erkennen, dadurch herbeigeführt, daß die entwickelte Verbrennungswärme den Verbrennungsraum selbst in stärkstem Maße mit erwärmt, so daß für die Verkokung, selbst wenn die Verbrennung der Kohle aussetzen würde, immer genügend aufgespeicherte Wärme zur Verfügung steht.

Die Verteilung der Verbrennungswärme auf fixen Kohlenstoff (Koks) und auf flüchtige Bestandteile stimmt nicht mit dem rein mengenmäßigen Verhältnis der beiden überein (Abb. 16). Das erklärt sich so, daß die thermische Zersetzung zwar nicht vollständig, aber doch überwiegend endotherm verläuft, und zwar um so mehr, je geringer der Anteil der flüchtigen Bestandteile ist. Diese Wärmearbeit kann nicht verschwinden, sondern muß in einer größeren Verbrennungswärme der flüchtigen Zersetzungsprodukte wieder zum Vorschein kommen.

Da das Verhältnis zwischen Koks und flüchtigen Bestandteilen in bezug auf die Rohkohle nur gewichtsmäßig dargestellt werden kann, so zeigt sich dies deutlich, wenn man die Verbrennungswärme der flüchtigen Bestandteile abweichend von dem sonstigen Gebrauch per Gewichtseinheit darstellt. Es ergibt sich sodann, daß die Verbrennungswärme um so größer ist, je geringer die Menge der flüchtigen Bestandteile ist. Das ist wiederum gleichbedeutend mit Zunahme der endothermen Wärmetönung bei der Verkokung.

Es entwickeln die flüchtigen Bestandteile von:

Anthrazit	15 000—17 000 kcal/kg
Magerkohlen	12 000—15 000 ,,
Fette Kohlen	8 800— 9 000 ,,
Trockene Steinkohlen	7 500— 7 800 ,,
Jüngere Braunkohlen	6 300— 6 700 ,,

Daß die Verbrennungswärme der flüchtigen Bestandteile in umgekehrter Beziehung steht zu der Menge, ist praktisch von sehr großer Bedeutung. Brennstoffe mit viel flüchtigen Bestandteilen, wie z. B. Braunkohlen und trockene Steinkohlen, erfordern große Verbrennungsräume, nicht allein wegen der Menge der flüchtigen Bestandteile, sondern auch deshalb, weil die wenig heizkräftigen flüchtigen Bestandteile völlig freie und große Flammenentwicklung haben müssen. Wird die Flammenentwicklung verhindert oder kommt die Flamme mit gekühlten Flächen in Berührung, so tritt unvollkommene Verbrennung, das ist Kohlenstoffabscheidung, ein. Bei den mageren und anthrazitischen Brennstoffen dagegen ist die Flamme (Wassergas) nicht bloß kurz, sondern kann auch Berührung mit gekühlten Flächen vertragen.

If you have any concerns about our products,
you can contact us on
ProductSafety@springernature.com

In case Publisher is established outside the EU,
the EU authorized representative is:
**Springer Nature Customer Service Center GmbH
Europaplatz 3, 69115 Heidelberg, Germany**

Printed by Libri Plureos GmbH
in Hamburg, Germany